LIBRAIRIE D'ÉDUCATION

DE PIERRE BLANCHARD,

Galerie Montesquieu, n°. 1, au premier, sur le cloître Saint-Honoré.

Beautés de l'Histoire de France, par *Pierre Blanchard;* NEUVIÈME ÉDITION. 1 v. in-12, avec 8 fig. Prix, 3 fr.

Tableaux de la nature et des bienfaits de la Providence. 1 vol. in-12, fig. 3 fr.

Les Animaux industrieux, 1 vol. in-12. Prix. 3 fr.

Contes d'une Mère à sa Fille, par madame *Mallès de Beaulieu.* 2 vol. in-12, ornés de 12 jolies gravures, avec une couverture imprimée. Seconde édit., 6 fr.

L'Ami des Jeunes Demoiselles, ou Conseils aux jeunes personnes qui entrent dans le monde. 2 vol. in-12, ornés de 9 jolies fig., avec une couverture imprimée. Prix, 5 fr.

Le Retour des Fées, contes, par madame la comtesse de *Choiseul.* 2 vol. in-12, ornés de 10 grav. Prix, 5 fr.

Lettres de deux jeunes amies, ou Conseils de l'amitié, par mad. *Mallès de Beaulieu,* 2 v. in-12, fig. Prix, 5 fr. 50 c.

Le Robinson de douze ans, histoire curieuse d'un jeune mousse abandonné dans une île déserte. 1 vol. in-12, fig. Troisième édit. Prix, 2 fr. 50 c.

Eugénie, ou le Calendrier de la Jeunesse, par madame *de Flamanville.* 1 vol. in-12, orné de 6 jolies fig. Seconde édit. Prix, 2 fr. 50 cent.

Petit Tableau des Arts et Métiers, ou les Questions de l'Enfance. 1 vol. in-12, fig. Seconde édit. Prix, 2 fr.

Petit Voyage autour du Monde, par *P. Blanchard.* 1 vol. in-12, fig. Seconde édit. Prix, 2 fr.

Les Jeunes Enfans, contes, par *Pierre Blanchard.* 1 vol. in-12, imprimé en gros caractère, orné de 6 jolies figures. Troisième édition. Prix, 2 fr.

Contes à ma jeune famille, par madame *Mallès de Beaulieu.* 1 vol. in-12, fig. Seconde édit. Prix, 2 fr.

Les Délassemens de l'Enfance, par *Pierre Blanchard,* Troisième édit. 6 v. in-18, ornés de 24 jolies fig.; 9 fr.

Petit Dictionnaire des Inventions, 1 fort vol. in-18, fig. Prix, 1 fr. 50 cent.

Le Petit Anacharsis. 2 vol. in-18, fig. Prix, 2 fr. 50 c.

L'Ami des Petits Enfans, ou les Contes les plus simples de *Berquin*, *Campe*, et *Pierre Blanchard*. 2 vol. in-18, ornés de jolies figures. Prix, 2 fr. 50 cent.

Modèles des Enfans. 1 vol. in-18, figures; septième édition. Prix, 1 fr. 25 c.

Modèles des Jeunes Personnes. 1 vol. in-18, fig.; cinquième édition. Prix, 1 fr. 25 cent.

Modèles de la Jeunesse chrétienne. 1 vol. in-18, figures. Troisième édition. Prix, 1 fr. 25 cent.

L'Enfant aveugle, histoire, 1 vol. in-18, fig. 1 fr. 25.

Les Accidens de l'Enfance, par *Pierre Blanchard*. 1 vol. in-18, fig. Cinquième édition. Prix, 1 fr. 25 c.

Les Enfans studieux. Quatrième édition. 1 vol. in-18, fig. Prix, 1 fr. 25 c.

Premières connaissances, à l'usage des enfans qui commencent à lire. 1 vol. in-18, fig. Quatrième édit. Prix, 1 fr. 25 cent.

Présent d'une Sœur à son Frère, et d'un Frère à sa Sœur, petits contes. 1 vol. in-18, fig. Troisième édition. Prix, 1 fr. 25 cent.

Le La Fontaine des Enfans, ou Choix des Fables de La Fontaine les plus simples et les plus morales. Troisième édition. 1 vol. in-18, figures. Prix, 1 fr. 25 cent.

Les Petits Peureux corrigés, 1 vol. in-18, fig. Prix, 1 fr. 25 cent.

Geneviève dans les bois. 1 vol. in-18, fig. Prix, 1 fr. 25 c.

Tom Pouce. 1 vol. in-18, fig. Prix, 1 fr. 25 c.

Leçons pour les Enfans de trois à cinq ans. 1 vol. in-18, fig. Prix, 1 fr. 25 c.

Contes pour les Enfans de cinq à six ans. 1 vol. in-18, fig. Prix, 1 fr. 25 c.

Comment le jeune Henri apprit à connaître Dieu. 1 vol. in-18, fig. Prix, 1 fr. 25 c.

Les Embarras d'une Petite Fille curieuse, 1 vol. in-18, fig. Prix, 1 fr. 25 c.

Dictionnaire des Locutions vicieuses les plus communes, et des mots dénaturés ou mal employés. 1 vol. in-18. Prix, 1 fr. 25 cent.

Le Secrétaire des Enfans, 1 vol. in-18. Prix, 1 fr. 25 c.

Petit Télémaque, ou Précis des aventures de Télémaque. 1 vol. in-18, fig. Prix, 1 fr. 25 c.

Vie du jeune Louis XVII, écrite en faveur de la jeunesse. Deuxième édition. 1 vol. in-18, fig. Prix, 1 fr. 25 cent.

Vie de Sainte Geneviève, patronne de Paris. 1 v. in-18. Jolie édition, ornée de 4 fig. Prix, 1 fr. 25 c.

La Grammaire en Dialogues, par *Le Vallois*. 1 vol. in-12. Prix, 1 fr.

La Géographie en Estampes, ou les Mœurs et les Costumes des Peuples. 1 vol. in-8° oblong, avec couverture cartonnée et imprimée, et orné de 30 pl. Prix, 8 fr.

Le Miroir des Enfans, estampes morales, cahier in-16 oblong, cartonné, avec une couverture imprimée. Seconde édition. Prix, 1 fr. 50 cent.

Le Petit Enfant prodigue, 1 cahier oblong, orné de 16 jolies grav. Seconde édit. Prix, 1 fr. 80 c.

Joseph et ses Frères. 1 cahier in-16 oblong, fig. et couverture cart. et imprimée. Prix, 1 fr. 25 c.

Le Petit Conteur. Cahier in-8° oblong, orné de 12 jolies gravures; couverture cartonnée et imprimée. Prix, 1 fr. 80 cent.

Histoire surprenante de Jacques le vainqueur des Géants, conte d'enfant. 1 cahier in-16 oblong, fig. Prix, 1 fr. 25 cent.

La Journée des Enfans, 1 vol. in-32, cartonné et orné de 10 jolies figures. Prix, 1 fr. 50 c.

La Petite Ménagerie, histoire des animaux. 1 v. in-32 oblong, orné de 24 jolies figures, couverture cartonnée et imprimée. Seconde édition. Prix, 1 fr. 50 cent.

La Civilité en Estampes, in-8° oblong, carton. Prix, 2 fr.

Les Bons Exemples, gravures morales et amusantes, in-8° oblong, cartonné. Prix, 2 fr.

Promenades amusantes d'une jeune Famille dans les environs de Paris. 1 cahier oblong, jolies gravures, couverture imprimée et cartonnée. Prix, 2 fr. 50 cent.

Le Jeune Dessinateur, ou Études de paysages, fleurs et animaux. Cahier oblong, orné de 23 gravures, couverture cart. et imprimée. Prix, 3 fr.

La Poupée bien élevée, cahier in-8° oblong, orné de 12 jolies gravures, couverture cartonnée et imprimée. Prix, 3 fr.

La Maison que Pierre a bâtie. Cahier in-16, orné de 10 gravures. Prix, 60 cent.

Abécédaire des Petites Demoiselles, in-12, orné de jolies figures. Prix, 75 cent.; et color. 1 fr.

Abécédaire des Petits Garçons, in-12, fig. Prix, 75 c.; et color. 1 fr.

1*

Le *Livre des Petits Enfans*, abécédaire in-12, fig. Prix,
75 c.; color. 1 fr.

Petit Quadrille des Enfans, abécédaire in-12, fig. Prix,
75 c.; color. 1 fr.

Abécédaire Géographique, in-12, figures. Prix, 75 c.;
et color. 1 fr.

Petit Abécédaire amusant, in-32 oblong, 12 fig. color.
Prix, 60 cent.

L'Abécédaire des Campagnes, in-18, orné de 4 planches coloriées. Prix, 40 cent.

L'Abécédaire des Écoles Chrétiennes, in-18, avec
4 planches coloriées. Prix, 40 cent.

Histoire de S. M. Louis XVIII. 1 vol. in-8°, orné
d'un beau portrait et d'un titre gravé. Prix, 6 fr.

Vie impartiale du général Moreau. 1 vol. in-12, portrait. Prix, 2 fr.

Bibliothèque des Souvenirs, ou Anecdotes curieuses et
Faits historiques publiés depuis le 31 mars 1814. 1 vol.
in-12. Prix, 2 fr.

Guide des Locataires et des Propriétaires dans leurs intérêts réciproques. 1 vol. in-12. Seconde édit. Prix, 2 fr.

Histoire des Batailles, Siéges et Combats des Français, depuis 1792 jusqu'en 1815. 4 vol. in-8°. Prix,
24 fr.

Cours de littérature dramatique, ou Recueil par ordre
de matières des feuilletons de Geoffroy. 5 vol. in-8°.
Prix, 33 fr.

Œuvres oratoires de Mirabeau. 2 vol. in-8°, portrait.
Prix, 14 fr.

Le Dictionnaire des ménages, ou Recettes diverses. Un
fort vol. in-8°. Prix, 6 fr.

Le Moniteur médical, 1 vol. in-12. Prix, 2 fr.

Le Secrétaire du Commerce, 1 vol. in-12. Prix, 2 fr. 50.

Formulaire des Maires et Adjoints des Communes, 1
fort vol. in-12. Prix 4 f.

L'animal sait par l'Instinct ce qu'il lui convient
de savoir : l'homme a besoin de tout appren-
dre ; aussi Dieu lui a-t-il donné l'Intelligence.

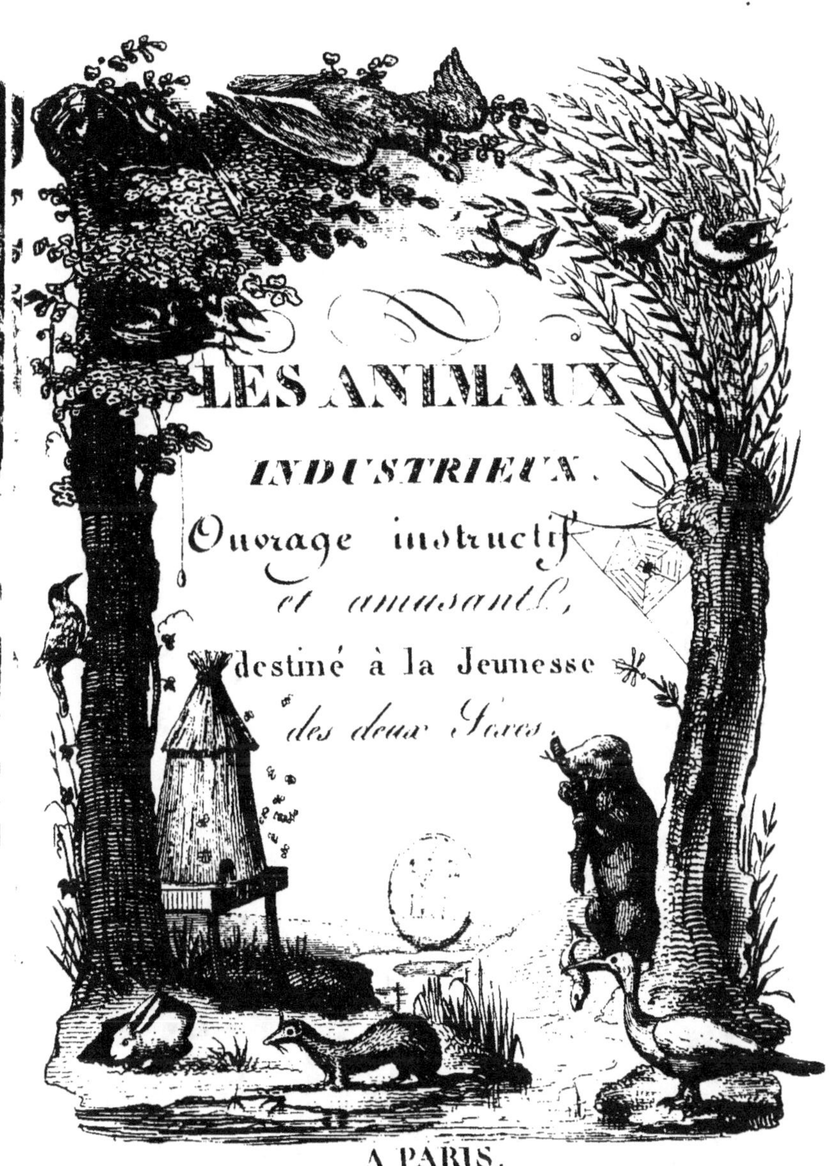

LES ANIMAUX
INDUSTRIEUX.
Ouvrage instructif
et amusant,
destiné à la Jeunesse
des deux Sexes.
A PARIS,
A la Librairie d'Éducation
de PIERRE BLANCHARD,
Galerie Montesquieu, N°1, au Premier.

LES ANIMAUX INDUSTRIEUX,

OU

Description des Ruses qu'ils mettent en œuvre pour saisir leur proie et fuir leurs ennemis ; des moyens qu'ils emploient dans la construction de leurs habitations ; de leurs combats ; de leurs jeux ; et de toutes les ressources qu'ils ont reçues de la Nature, pour veiller à l'entretien et à la conservation de leur vie.

OUVRAGE INSTRUCTIF ET AMUSANT,

DESTINÉ A LA JEUNESSE DES DEUX SEXES,

PAR B. ALLENT.

PARIS,

A LA LIBRAIRIE D'ÉDUCATION

DE PIERRE BLANCHARD,

Passage Montesquieu, N°. 1, au 1er.

1821.

Tous les exemplaires de cet Ouvrage
porteront la signature de l'Éditeur.

EXPLICATION DES PLANCHES.

—

FRONTISPICE.

Dieu vient de créer l'homme; différens animaux entourent ce nouveau maître qui doit par son intelligence commander à leur instinct.

TITRE GRAVÉ.

A droite une loutre disposant un morceau de bois; auprès d'elle un oiseau pêcheur, sur l'arbre contre lequel elle est appuyée, une araignée, une demoiselle et des pigeons; à gauche un furet guettant un lapin qui sort de son terrier, et une ruche à miel au-dessus de laquelle est suspendue une chrysalide. Du même côté, un arbre au sommet duquel est le nid d'une pie qui porte un œuf à son bec; de ses branches les plus élevées, un épervier qui s'élance sur un oiseau.

PREMIÈRE PLANCHE. — QUADRUPÈDES.

Sur le premier plan, un isatis dévore un oiseau, tandis qu'un glouton survient pour le lui enlever; sur le second plan, une sarigue ouvrant sa poche à ses petits et un éléphant jetant de l'eau à son cornac; sur le dernier plan, plusieurs marmottes montant entre des rochers.

IIᵉ. PLANCHE.—QUADRUPÈDES.

Sur l'avant-scène, un rat sur le dos et tenant des provisions entre ses pattes, est traîné par d'autres rats. A droite, un renard éblouit des poules par ses mouvemens; à gauche, des castors établissent leurs cabanes sur pilotis; dans le fond, traverse un cerf poursuivi par une meute de chiens.

IIIe. PLANCHE. — QUADRUPÈDES.

Des singes pillent un jardin, gardés par une sentinelle, le bâton sur l'épaule. Un orang-outang, qui revient de la fontaine, met bas ses seaux pour prendre sa part du butin. Au loin, sur une montagne, d'autres singes combattent avec courage contre des marins qui leur tirent des coups de fusil.

IVe. PLANCHE. — OISEAUX.

Au milieu du cadre, une frégate qui, frappée par un fou, laisse tomber de son bec un poisson que son adversaire a déjà dans le sien. Sur les côtés, un rocher qui porte un nid d'aigle, et un arbre creusé par des pics; dans les airs, des canards sauvages.

Ve. PLANCHE. — OISEAUX.

Un fauconnier présente le leurre à un faucon, et en tient un second au haut de la ficelle; un savacou pêche des petits poissons, et un cormoran, le bec ouvert, attend que le poisson qu'il a jeté en l'air retombe la tête en bas; sur un arbre, une pie qui transporte ses œufs à son nouveau nid; sur un rocher, un ibis qui se donne un clystère avec son bec.

VIe. PLANCHE. — OVIPARES, SERPENS ET INSECTES.

La caouane attaque le crocodile engagé dans un chemin creux; sur un plan plus éloigné, des chasseurs courent vers une tortue qu'ils ont renversée sur le dos; sur la droite, un boiga couvrant le tronc d'un arbre de ses nombreux replis, fait la chasse aux oiseaux qui habitent ses branches.

AVERTISSEMENT.

—

Il est peu d'ouvrages, si on excepte ces productions du génie, nées d'un souffle inspirateur et de vastes pensées, qui, dès l'abord soient conçus dans toutes leurs parties et dans leur ensemble, par l'écrivain qui les entreprend : une idée première se présente ; elle est négligée, elle revient à notre insçu, nous nous y attachons, elle ne tarde point à être féconde ; une autre la suit, qui, loin de l'effacer, la rend pour ainsi dire meilleure, nous avons imaginé un plan ; il est bientôt tracé : nous prenons la plume ; nous sommes étonnés des développemens qui naissent naturellement de l'idée - mère, et ce n'est plus qu'en achevant l'ouvrage, que nous connaissons toutes les ressources du sujet que nous venons de traiter. C'est ainsi que se passe, dans les cerveaux ordinaires, la création d'un livre,

nous devions nous interdire une classification trop sévère, des dénominations trop
techniques : nous avons été fidèles à ce
plan. Cependant, comme il n'est pas de
composition qui satisfasse l'esprit , si la
confusion y règne , nous avons senti le besoin de rattacher nos articles épars sous
des titres généraux, et nulle division n'é-
tait plus naturelle que celle du règne animal, en *Quadrupèdes, Oiseaux, Poissons,
Insectes* , etc. C'est aussi celle que nous
avons adoptée; mais dans chacune de ces
classes, nous n'avons point indiqué à quel
genre appartenait tel individu, ni quels
étaient ses caractères distinctifs.

En tête de chaque classe, nous avons
cherché à rassembler un certain nombre
d'idées générales sur les animaux qu'elle
contient, afin que nos jeunes lecteurs appris-
sent d'abord quelles ressources possédaient
pour exécuter ceux dont ils allaient admirer
le talent, et pussent comparer les *moyens*
avec les *résultats*. Nous avons encore essayé, autant qu'il nous a été possible, de
faire sentir toutes les différences qui existent entre le *Quadrupède et l'Oiseau*, entre

l'Oiseau et *l'Insecte*, et nous aurons atteint notre but, si s'habituant de bonne heure à l'observation, à la réflexion, nos lecteurs cherchent toujours entre les objets qui les entourent, d'autres différences que celles qui résultent de la *forme*, de la *couleur*, du *son*, que celles enfin qui n'affectent que les sens.

Ce livre une fois terminé, il lui fallait un titre ; et le choix à faire en cette occasion était embarrassant. Après bien des irrésolutions, nous adoptâmes celui des *Animaux Industrieux,* bien persuadés, cependant, qu'il était insuffisant, parce qu'il est inexact. En effet, parmi les animaux dont nous avons parlé, il en est qui ne méritent point cette épithète, qui, sans réflexion, sans volonté peut-être, n'exécutent tel fait que parce qu'il est dans leur organisation de l'exécuter : tel le rossignol qui n'étudie point son chant, dont son gosier fait seul tous les frais. On pourra donc regarder plus exactement cet ouvrage comme un recueil, dans lequel on a pris soin de rassembler tout ce qui pouvait mettre en évidence les merveilles produites par l'intelligence des animaux, ou les singularités dignes de remarque, que présente l'organisation de quelques-uns d'entre eux.

Avec ce livre, jeunes lecteurs, vous pouvez suivre les animaux dans l'intérieur de leurs nids, dans leurs courses, dans leurs chasses, dans leurs travaux; et si votre plaisir, à la vue des prodiges qui se passeront sous vos yeux est moins vif, moins entier que celui que j'éprouvai en les découvrant, après de nombreuses recherches et quelques fatigues, comme moi vous n'aurez point à passer des momens d'indifférence et de dégoût; vous n'observerez jamais inutilement, et peut-être cette compensation me fera-t-elle obtenir de vous un *merci....* seule marque d'approbation à laquelle je m'attends, seul tribut que j'envie.

B. ALLENT.

LES ANIMAUX INDUSTRIEUX.

INTRODUCTION

De l'Instinct chez les Animaux.

Sɪ ce globe sur lequel nous sommes portés, si les astres qui l'environnent, et ce soleil qui l'éclaire ne nous fournissaient pas autant de témoins toujours prêts à prouver l'existence et la toute-puissance de Dieu; si le retour continuel et régulier des saisons, si la mer enchaînée par une force invisible dans un lit au-dessus duquel elle s'élève depuis tant de siècles par des efforts toujours répétés et toujours infructueux, si tous ces prodiges soumis à l'ordre admirable qui régit l'univers ne suffisaient point pour attester une puissance suprême, qui crée et qui conserve, il ne faudrait que descendre ses regards sur les animaux, même les plus petits, pour y reconnaître encore le cachet de la Divinité. La structure étonnante de leurs corps, la disposition si bien calculée de tous leurs organes, le rapport constant qui existe entre l'habit qui les couvre et le climat qu'ils habitent, leur industrie enfin, ne seraient-ce pas autant de merveilles qui ouvriraient les yeux du plus aveugle aux rayons de l'éternelle vérité. L'utilité démontrée de tous les êtres, le soin que prend chacun d'eux d'élever ses petits pour les besoins d'un temps pendant lequel il ne sera plus ; cette prévoyance de l'animal, dont il faut chercher la cause au-dehors de lui, parce qu'elle est contraire à l'égoïsme qui décide de toutes ses actions, me semble, plus encore que tous les raisonnemens de son intelligence, une preuve incontestable d'un être supérieur qui, après avoir tout créé, a tout prévu pour conserver. Cette même prévoyance, je la retrouve dans tout ce qui s'offre à mes yeux : elle enhardit ma faiblesse, elle m'aide à vivre, et m'élevant jusqu'à Dieu, par le tribut de ma reconnaissance, je ne trouve d'interprète digne d'elle, ni d'hommage digne de lui, que la vraie religion.

Comme l'homme, les animaux sont donc sortis de la main du Créateur ; et certes il nous faut songer à leur origine pour n'être point surpris de les voir exécuter, avec des moyens le plus souvent simples ou bornés, des choses qui paraissent devoir exiger une précision si remarquable, un sentiment si parfait, et qui pourtant semblent toujours les trouver infaillibles : autrement, comment concevoir que, sans avoir comme l'homme reçu du ciel l'avantage incalculable de se servir des travaux des générations devancières, ils puissent sans tradition, sans une éducation réelle, se défendre des attaques de leur ennemi, se construire des habitations, s'amasser des provisions, et vivre en société ; dernier acte, qui, plus que tous les autres, demande des combinaisons sans nombre et une rare intelligence.

Buffon, qui n'observa point l'animal en classificateur, mais qui chercha à étudier ses mœurs, à surprendre ses moindres habitudes, à peser, pour ainsi dire, la dose de son intelligence, lui accorde un sentiment exquis ; c'est ainsi qu'il s'exprime quand il veut parler de son instinct. « Les animaux, dit-il, ont le sentiment plus sûr que nous ne l'avons : ils sentent bien mieux que nous ce qui convient à leur nature ; ils ne se trompent pas dans le choix de leurs alimens, ils ne s'excèdent pas dans leurs plaisirs ; guidés par le seul sentiment de leur besoin actuel, ils le satisfont sans chercher à en faire naître de nouveaux. » Certes il est difficile, si le bonheur est le but vers lequel tendent tous les êtres, de faire des animaux un plus bel éloge, de leur présager plus de félicité. Ce que Buffon vient d'avancer, il semble ne l'avoir dit qu'à regret, ou plutôt comme s'il eût craint d'avoir blessé les préjugés de son temps, contraires à quelques-unes de ses opinions, il se hâte d'enlever aux animaux le mérite de tant de sagesse, et veut nous les faire admirer comme des machines sans réflexion, sans mémoire, et n'agissant, dans presque tous les cas, que d'après leur organisation; aussi est-il entraîné dans de nombreuses contradictions : il prétend que l'animal n'a aucune conscience de sa vie passée, et cependant il admet qu'il reconnaît ceux dont il fut long-temps séparé, les lieux qu'il a parcourus, qu'il se souvient des bons et des mauvais traitemens qu'il a reçus. Quand la fauvette, qui a fait son nid plusieurs années en un même endroit, est inquiète pendant une saison sur le berceau de ses petits, elle a grand soin l'année suivante de choisir un autre bosquet; c'est sa mémoire qui l'empêche d'exposer deux fois le fruit de ses amours au même péril; c'est une mémoire bien sûre, puisque la nature changeant trois fois d'habit sous trois ciels différens, ne l'a point altérée ; c'est la première des mémoires, c'est la mémoire du cœur : et la pie, qui placée sur son nid ne cesse de veiller que lorsqu'elle a vu sortir de la cabane voisine, et par nombre égal, les hommes qu'elle y vit entrer, n'a-t-elle pas aussi une mémoire établie sur une observation bien exacte ? Si l'animal était incapable de mémoire, l'éducation pourrait-elle donc la développer chez lui ? Il n'est pas de quadrupède ni d'oiseau, parmi ceux que l'on parvient à rendre domestiques, il n'est point d'insectes, de ceux au moins qui vivent dans l'habitation de l'homme, et dont les organes ont quelques développemens, qui n'aient fait preuve de mémoire en répétant une leçon apprise ou certains actes à un commandement connu. Le chien Munito n'a-t-il pas joué aux cartes devant des souverains, devant des sociétés savantes. Les serins n'ont-ils pas exécuté des pantomimes ; et Pélisson dans les fers n'eut-il pas pour seules amies dans sa captivité deux araignées, qui, à un bruit connu, venaient jusque dans sa main pour y chercher leur nourriture.

Je ne pourrai croire non plus que les animaux manquent de réflexion ; car, la veille du jour où j'entrepris d'écrire cet ouvrage, je fus témoin d'un fait qui semble me prouver le c ontraire. Je rencontrai un chien d'une taille énorme, qui sortait de nos boucheries, et que so n maître avait chargé d'un panier qui contenait sans doute les débris de quelque animal. Un grand nombre de poursuivans jappaient après lui, et, sans entendre leur langage, je soupçonnai qu'ils l'engageaient à manquer de fidélité. Le dogue me parut un dépositaire très-fidèle; et, lâchant le panier à terre, afin de se débarrasser des importuns qui le harcelaient et qui empêchaient sa marche, il en mit un hors de combat; mais l'avidité des autres lui rendit la chose difficile, car il était obligé de quitter la lutte à chaque instant pour retourner au panier, dont le moindre de ses mouvemens suffisait pour les éloigner. Que fit-il? Il reprit le panier et le déposa de nouveau, mais au fond d'une allée voisine, allée étroite et sur la porte de laquelle il se coucha. Il renversait celui des parasites qui tentait de l'approcher, et déjà leur nombre diminuait assez rapidement pour qu'il pût bientôt reprendre sa course sans danger, lorsque son maître arriva et le récompensa de tant de soins par un coup de pied assez brutal. Il ne parut point s'en plaindre, et je continuai ma route, n'étant nullement embarrassé de prononcer lequel de l'homme ou de la bête avait montré le plus de réflexion.

Les rêves dont les animaux sont susceptibles nous prouvent aussi combien ils gardent de souvenirs, puisque des actes remplis pendant la veille leur sont alors rendus présens. Le chien jappe souvent en dormant, et l'on reconnaît dans son aboiement , quoique sourd et faible, la voix de la chasse , les accens de la colère, les sons du désir ou du murmure.

Buffon a rencontré plus juste, peut-être, lorsqu'il a prétendu que notre admiration pour quelques classes d'animaux qui vivent en famille était exagérée : je lui accorderai, quoique avec peine , qu'il est possible que la république des abeilles soit une conséquence de leur organisation. Que dix mille individus d'égale force agissant dans un seul but , celui de la nature, celui de veiller à leur conservation et de subvenir à leurs besoins, et le faisant dans un espace donné, ont dû produire des résultats égaux. Que ces cellules, surtout admirées, n'ont pu être autrement que régulières, et que leur forme a dépendu de l'obstacle qu'elles ont porté mutuellement à leur développement; mais quelles raisons mathématiques remplaceront pour mon imagination ces suppositions pleines de charme qui embellissent toute la nature, qui me font correspondre avec les êtres que j'aurais cru d'abord les plus éloignés de moi; et quelle autre hypothèse vaudra celle, si intéressante, qui m'a fait croire à un état paisible dans lequel dix mille mouches vivaient sans troubles, sans injustices, partageant avec équité, sous l'empire d'une reine juste et respectée, les charges et les bénéfices de la société? L'âme a besoin d'illusions; elles sont souvent préférables à la vérité même.

D'autres animaux, d'ailleurs, tant chez les oiseaux que chez les quadrupèdes, offrent en état de société des réglemens si bien observés, qu'il est impossible de douter un seul instant qu'ils ne soient l'effet d'un consentement commun, le résultat d'un besoin senti et apprécié.

Que le rossignol fasse entendre des sons harmonieux, et qu'il exécute des morceaux de musique plus parfaits que les nôtres, en ce que tous les sons en sont vrais et par conséquent impossibles à noter d'après nos méthodes; que le petit du sarigue, à peine né, s'attache au sein de sa mère; que la perdrix se cache à l'aspect du chasseur, et lève alors que le chien rompt son arrêt, je ne vois là que des faits dont l'exécution est ordonnée, et qui se passent même à l'insu de l'animal : mais que la biche ait soin, quand elle sait qu'elle est poursuivie, de jeter son petit faon loin d'elle, afin que les chiens ne puissent le découvrir par la senteur de sa piste ; que le héron cache sous son aile et dans ses plumes le bec acéré dont il veut percer l'estomac de l'oiseau de proie qui fond sur lui ; que l'araignée, après avoir tendu sa toile, distingue au mouvement des fils si c'est la main de l'homme qui l'agite ou le moucheron dont elle fera sa proie, qui s'y débat ; voilà qui me semble une preuve incontestable de l'intelligence accordée aux animaux, et dont nous n'alléguerons la valeur comparativement à celle de l'homme, que par les conclusions suivantes

L'animal sent avec plus de justesse, l'homme. exécute avec plus de moyens.

Il y a moins de différence entre l'homme le moins intelligent et l'animal qui l'est le plus, qu'entre ce même homme et l'homme du plus grand génie.

L'homme est né pour la société et ne peut valoir que par elle : l'animal, même le plus sociable, peut vivre seul et bien plus aisément que l'homme ne le saurait faire.

L'animal n'a peut-être de moins que l'homme qu'une organisation moins favorable.

Nous serons sans doute accusés de blasphême après avoir émis çette dernjère opinion, et cependant nous aurons pour nous l'avis de Fénélon (1), et nous n'aurons contre nous que l'amour propre de l'homme.

---

(1) Fénélon. *Preuves physiques et morales de l'existence de Dieu.*

1ʳᵉ PLANCHE. — QUADRUPÈDES.

DES QUADRUPÈDES.

L'HOMME est le plus parfait de tous les animaux !.... Cette phrase si souvent répétée est loin d'être vraie, et notre amour propre eût été moins satisfait, mais bien plus juste, s'il s'était exprimé autrement, et s'il avait dit : *l'homme est de tous les animaux celui qui a été le plus favorablement organisé pour parvenir à la perfection.* Quelle différence entre ces deux propositions ! L'homme possède sans doute des organes d'une susceptibilité exquise, d'une forme favorable aux actes qu'il est appelé à exécuter, aux fonctions qu'il doit remplir ; mais que de dons précieux lui deviennent par l'application qu'il en fait des présens funestes. Cette force qui lui a été dévolue en partage, il ne l'emploie qu'à fatiguer son tempérament par mille excès, et il ne semble en faire usage que pour la perdre plutôt. Ce cerveau, cette partie de son être où l'impie lui-même est forcé de reconnaître l'existence d'un rayon émané de la Divinité, à quels faux calculs ne soumet-il pas son raisonnement, lorsque les pensées qui naissent naturellement en lui viennent à contrarier ses penchans vicieux, ses désirs immodérés. L'orgueil, l'ambition, la colère, les écarts de conduite les plus criminels, les passions les plus honteuses défigurent cette créature, que le ciel avait formée pour apercevoir et pour représenter ici-bas l'image d'un Dieu créateur.

Les animaux sont en quelque sorte plus sages que l'homme : ils sont moins riches en ressources, en moyens; ils font aussi moins de fausses dépenses, et sont la plupart d'une réserve que nous attribuons à leur stupidité, mais qui est bien préférable à la fougue désordonnée qui nous précipite dans des écueils de toute espèce.

On ne voit point les animaux s'égarer dans de faux systèmes et pratiquer pour leur guérison, lorsqu'ils sont malades, des recettes ridicules; ils sont conduits par un instinct merveilleux, et de suite ils vont cueillir la plante qui doit les guérir.

Les quadrupèdes, qui ne sont peut-être pas la classe du règne animal où les facultés soient le plus développées, sont les premiers êtres créés au-dessous de l'homme; au moins leur masse plus remarquable leur a-t-elle toujours fait accorder cette place. Ils sont d'ailleurs bien plus privilégiés que l'homme en mille manières, et la nature leur a fait part de ses largesses comme à toutes les familles d'êtres différens qu'elle crée et qu'elle entretient.

L'homme est faible, et la marche ne lui devient possible que plusieurs mois, plus d'une année souvent après sa naissance; le quadrupède seul se soutient au bout de quelques jours, parfois même de quelques heures: il faut présenter à l'enfant le sein de la mère, et ce n'est que lorsqu'il y a reçu à plusieurs reprises sa nourriture qu'il le demande par ses cris et qu'il commence à le chercher; le petit du quadrupède trouve la mamelle sans y être porté; et soit que l'odeur, en cette occasion comme dans beaucoup d'autres lui serve de guide, il ne faudrait pas moins convenir qu'il exécute par une faculté naturelle, et qui chez lui est une qualité, ce que l'homme ne parvient à faire que par une sorte d'éducation. Le parallèle continuera encore d'être à l'avantage du quadrupède si nous calculons combien de temps il met à acquérir toutes ses facultés, tout son développement, et combien l'homme perd d'années pendant le même travail : nous serons surpris de la différence. L'homme ne devient homme parfait qu'à vingt ans, c'est-à-dire à un grand tiers de son existence, tandis qu'il est tel quadrupède, qui, n'étant pas parvenu au vingtième de sa vie, n'a plus rien à attendre des bienfaits de la nature. Chez beaucoup d'animaux de cette famille on remarque des passions dont la source est toute morale : par exemple, l'orgueil et l'ambition ; mais c'est chez eux le sentiment de leur force, de leur agilité : aussi ils dédaignent un concurrent inhabile et refusent de jouter ; ils méprisent un adversaire trop faible et supportent avec indifférence ses injures. Combien d'hommes tirent vanité d'un prix remporté dans un concours inégal, combien peu ne se vengent point du plus impuissant de leurs ennemis !

Ces deux sentimens ne donnent pas seulement de la grandeur d'âme au quadrupède, mais aussi une noble émulation : l'exemple suffit pour l'amener à bien faire et redouble son ardeur.

Les quadrupèdes ont aussi de la mémoire, et, dans l'éducation qu'ils reçoivent de l'homme ou de leurs parens, ils font plusieurs fois ce qu'ils ont fait une fois ; volontiers ce qu'ils ont exécuté d'abord avec répugnance ; et enfin, par habitude ce qu'ils ne firent souvent en premier lieu que par hasard.

Certains quadrupèdes, les singes, par exemple, ont été de tout temps les histrions du peuple, et de tout temps ils ont fait l'admiration du vulgaire. On a loué en eux l'imitation de nos gestes et de nos manières, et c'était certainement, des preuves d'intelligence données par les animaux, la moins satisfaisante. Copier, ne prouve qu'en faveur du sens de la vue et d'une conformation particulière qui permet à l'animal de fléchir ses membres de telle manière, de les tourner de tel sens ; et l'homme sensé fera beaucoup plus de cas de l'éléphant, qui laisse remarquer en lui les intentions les plus généreuses, les pensées les plus nobles et qui exécute des choses que l'homme n'imiterait qu'avec peine. Nous devons préférer l'animal qui se donne en exemple à l'homme, à celui qui ne cherche qu'à le copier.

Les singes, comme l'a dit fort spirituellement Buffon, sont des gens à talens, mais ne sont pas des gens d'esprit.

Le sens de l'appétit est très-développé chez les quadrupèdes, et par suite celui de l'odorat qui en fait partie. Chez l'homme, le toucher est bien supérieur à celui des quadrupèdes, qui pour la plupart en sont presque privés. Des sabots d'une seule pièce, des pieds lourds et à peine pourvus de doigts calleux, des peaux velues qui laissent entre leurs nerfs et les corps environnans un espace immense comme obstacle de la sensation ; voici toutes les causes qui arrêtent le quadrupède dans sa vie de re-

lation et qui bornent son intelligence : mais
il sera bon chasseur, parce qu'il a le plus souvent des armes meurtrières, une agilité de
membres qui le lance sur les traces de la proie
qu'il poursuit, et un odorat extrêmement dé-
lié, qui lui rend la recherche de son gibier
plus facile, et sa capture inévitable.

Il faut admettre encore au nombre des
causes qui restreignent la dose d'intelligence
et d'industrie accordée au quadrupède, cet
état de soumission, de crainte ou d'exil dans
lequel l'a jeté l'homme. Ce souverain du
globe fait servir les espèces les plus douces
à ses travaux journaliers; il contraint celles
qu'il n'emploie point et qui sont trop accli-
matées, pour s'éloigner de son habitation, à
se cacher; et le fer et la flamme à la main
il refoule dans les déserts incultes, dans les
sables brûlans et sur les mers glacées les espèces les plus cruelles, qui pourraient, une
fois rapprochées de ses demeures, l'en chasser
lui-même, ou tout au moins les lui disputer.

Toutes les perfections de l'animal dépendent
donc de son organisation, des conditions plus
ou moins favorables d'après lesquelles sont
fabriqués ses organes : en effet, supposons un
instant un quadrupède ayant la forme du singe
le plus semblable à l'homme, et le cerveau aussi

penseur que celui de l'éléphant, et emprun-
tant dans une autre classe la voix du perroquet,
mettons ce composé, soumis comme l'homme
à l'éducation que donne la société, en parallèle avec l'homme, qui naît au milieu d'elle,
et ce quadrupède..... Mais pourquoi nous servir
encore de cette expression, il n'existera plus
de quadrupède? L'homme nouveau que nous
aurons ainsi formé, en tout semblable à nous,
ne pourrait avoir été fait que par le Créateur,
dans ce moment d'ineffable bonté où il nous
créa pour l'adorer et pour le servir.

Nous revenons à notre thèse, tout dépend
dans l'animal du plus ou moins de perfectionnement de ses parties; mais qui a fixé le
degré juste de ce perfectionnement auquel elles
peuvent atteindre?.... Dieu!

LE RENARD.

Parmi les animaux il en est un grand
nombre qui sont vagabonds, d'autres ont un
domicile fixe, et ce sont ceux chez lesquels
cette faculté, que nous avons appelée instinct,
est le plus développée. L'élection d'un lieu de
retraite, la construction d'un nid, d'un terrier,
font supposer chez l'animal une attention singulière sur ses besoins, une réflexion, un calcul

qui le conduiraient à de plus grands résultats si son organisation était autre : beaucoup vont même au delà, et les ruses qu'ils emploient pour se défendre contre les attaques des chasseurs, ou pour s'emparer eux-mêmes de leur proie sont aussi ingénieuses et mieux appropriées qu'elles ne le seraient, inventées par l'homme lui-même. Enfin, chez les animaux qui vivent en société, il n'est point rare de découvrir des idées d'ordre, de justice qui étonnent, et font douter un moment de la vérité de l'observation.

Le renard sait se pratiquer un asile où il se met en sûreté dans les dangers pressans; mais si ce n'est son attachement pour ses petits, il ne se présente point favorablement, considéré sous le point de vue moral : chez lui tout est finesse, et la finesse n'a p... but que de satisfaire à la voracité. Le lo... beaucoup d'animaux carnassiers font la gu... en héros, le renard la fait en maraudeur : c'est de nuit qu'il se met en campagne, et jamais il ne commence les hostilités qu'il ne soit sûr de trouver la place sans défense. Il n'ose menacer les troupeaux, les chiens l'effraient et il redoute la prudence du berger : la basse-cour est le théâtre de ses exploits; il y pénètre pendant le sommeil, rampe jusqu'à la volaille que sa

vue rend muette de frayeur, et sans perdre
un instant, il égorge tout ce qu'il rencontre. Il
semblerait qu'il veut, en sacrifiant ce qu'il lui
sera impossible d'enlever, se prémunir contre
des cris d'alarme. Tranquille, il sort de la
ferme, y revient à plusieurs reprises, et dans
chacune de ses courses, il emporte une partie
du butin et va la cacher sous la mousse. Ici,
il fait de nouveau preuve de finesse et d'une
grande prévoyance. Comme son magasin, s'il
n'en établissait qu'un seul, pourrait être découvert et détruit, il dépose chaque morceau dans
un endroit différent; et ce n'est point, comme
on pourrait le penser, qu'il oublie le lieu où il
a porté sa première proie, car les jours suivans,
lorsque la faim se fait sentir, il va successivement chercher toutes les provisions qu'il a
mises en réserve.

Il est friand et délicat dans ses appétits : les
oiseaux de pipée lui plaisent presque autant
que les poules; il se loge parfois près des lieux
où des lacets sont tendus, où des gluaux sont
disposés, et dès qu'une grive est prise, qu'un
merle est empêtré, il devance le chasseur et
les enlève. Il est aussi très-avide de miel, et
dans les efforts qu'il fait pour piller les ruches,
il a occasion de déployer son adresse ; les
abeilles sauvages le mettent en fuite en le per-

çant de mille coups d'aiguillon, mais à son tour
il parvient à leur faire abandonner la place; il
les écrase en grand nombre en se roulant sur
le dos, et revient si souvent à la charge qu'elles
émigrent et lui abandonnent le guêpier : alors
il le déterre, et mange la cire et le miel.

La femelle du renard, dès qu'elle est pleine,
ne sort plus que rarement du terrier où elle
prépare un lit pour ses petits; elle a pour eux
les soins les plus diligens, et si pendant son absence elle s'aperçoit qu'ils aient été visités et
qu'ils puissent courir quelque danger, rien n'é-
gale sa sollicitude; elle emporte celui d'entre
eux qu'elle affectionne le plus; mais elle songe
également à la conservation des autres, et avant
d'aller le porter au nouveau domicile, elle ferme
l'entrée de celui qu'elle quitte avec des feuilles
et des branches d'arbre : elle transporte ainsi
tous ses petits les uns après les autres, et chaque
fois elle prend les mêmes précautions.

Le renard est peut-être de tous les animaux
celui que les fabulistes ont mis le plus souvent
en action; c'est aussi celui qui leur a offert le
personnage le plus vrai et le plus facile à produire en scène; pour le faire parler ils n'ont eu
qu'à traduire son caractère.

LA LOUTRE.

On range la loutre parmi les animaux carnassiers : elle est plus avide de poisson que de
chair, et de ce côté elle se trouve préparée en
quelque sorte par la nature à la chasse qu'elle
doit exercer; sans être amphibie elle peut rester
très-long-temps entre deux eaux, et sans venir
respirer, elle remonte ou descend des rivières
à des distances considérables. Qui verrait sa
figure ignoble et ses mouvemens difficiles, et
entendrait son cri monotone et sans aucune
expression, serait surpris de la rencontrer dans
ce recueil; elle est cependant industrieuse et
doit à l'expérience les talens qui nous ont déterminé à la classer ici. Comme le castor,
dont nous aurons à vanter les travaux, elle se
construit une demeure; et avec des petits morceaux de bois liés au moyen d'herbes et de
terre, elle élève à quelque distance du sol un
plancher qui la préserve de l'humidité : c'est
dans ce magasin qu'elle entasse des poissons
dont on retrouve la tête et les principales arêtes
qu'elle ne rejette jamais au-dehors.

Comme on ne la rencontre jamais dans la
mer, il arrive parfois que la glace venant à s'emparer des eaux douces elle est privée de pois-

son, alors elle va chercher l'herbe sous la neige.

On raconte de la loutre un trait de sensualité, qui, en prouvant en faveur de son instinct, nous forcerait presque à trouver naturel un des vices qui dégradent l'espèce humaine. Plusieurs naturalistes ont prétendu que cet animal commence toujours par remonter les rivières, afin de n'avoir plus qu'à s'abandonner au fil de l'eau lorsqu'il est rassasié de proie, et quelques-uns ont même avancé qu'il semblait éprouver dans cette promenade de digestion, une sorte de jouissance : il répugne de croire à un semblable tableau, et l'on s'empresse d'opposer à ces récits, l'opinion de M. de Buffon.

La loutre a la tête plate et le museau fort large ; son col se confond avec sa tête, tant il est gros ; son corps, assez alongé, est soutenu par des jambes très-courtes et des pieds à membranes comme ceux des oiseaux aquatiques ; sa fourrure est brune et se vend aux chapeliers qui en font des toques : on trouve la loutre en Europe et dans l'Amérique septentrionale.

LE FURET.

Cet animal apporté d'Afrique en Espagne, s'y est presque naturalisé, et c'est en ce pays qu'il manifeste un désir immodéré de la chasse; en France, il est devenu complètement domestique : c'est contre le lapin, son ennemi naturel, qu'on fait servir ses dispositions. On le lâche dans le terrier, en prenant la précaution de le museler afin qu'il ne tue pas le gibier; on le force à le chasser seulement par l'autre ouverture, que l'on a eu soin de garnir d'un filet. Peut-être, au reste, et nous en faisons l'aveu, le succès de la chasse au furet dépend-il plutôt de l'odeur désagréable qu'il répand autour de lui, que de sa manière de poursuivre et de dévisager le lapin; aussi ne ferons nous que le citer.

L'ÉCUREUIL.

L'écureuil est un des quadrupèdes les plus élégans; sa légèreté ajoute à sa grâce : et si l'énorme queue qui dérange l'harmonie de son corps, présente trop de volume, ce volume disparaît par son étonnante mobilité : c'est un panache qu'il élève au-dessus de sa tête pendant les chaleurs de la journée; c'est un gouvernail, c'est une voile qu'il sait convenablement diriger quand il lui faut traverser l'eau sur une écorce légère. Rien n'est plus divertissant que de voir plusieurs de ces petits animaux se rendre dans une île où ils espèrent trouver ample moisson de noix, d'amandes et de glands : chacun est porté sur un morceau d'écorce d'arbre qu'il tient fortement avec ses pattes; tous livrent au vent l'épaisseur de leur queue, exécutent ensemble les mêmes mouvemens, et suivent la même route. C'est avec beaucoup d'industrie que l'écureuil fait son nid ; il élève dans l'enfourchure d'un arbre, des buchettes qu'il entrecroise, et amasse dans les vides une assez grande quantité de mousse ; puis il foule le petit dôme qu'il obtient ainsi, jusqu'à ce qu'il ait acquis assez de solidité pour résister aux injures du temps, et le mettre à l'abri contre les vents, lui et sa famille. C'était beaucoup sans doute pour un être aussi faible, aussi étourdi, de s'être construit une cabane, ce n'est point assez pour son intelligence : une seule ouverture est restée au sommet du cône, par laquelle descend chez lui *l'architecte - propriétaire ;* mais cette ouverture nécessaire pour l'introduction de l'air, donne aussi passage aux eaux pluviales, et l'édifice est exposé aux inondations. Que fera l'écureuil pour obvier à l'inconvénient sans perdre les avantages ? Ce que la prudence, ce que l'intelligence humaine eussent fait elles-mêmes ; il élevera au - dessus de cette ouverture une petite toiture qui détournera les eaux de la pluie en les dirigeant sur les parois exté-

rieures de sa cabane, et qui laissera l'air cir-
culer en ne fermant point l'ouverture au-dessus
de laquelle elle est fixée, à distance, par des
liens aussi solides que peu apparens. Devant
ces prodiges de raisonnement, l'homme serait
tenté de s'humilier et ne conçoit chez ces petits êtres une si grande sagesse, que lorsqu'il a
une fois réfléchi que, comme lui, ils sont sortis
des mains d'un Dieu créateur.

LE RAT.

Habitués à ne considérer les animaux, comme
les choses, que sous le seul rapport par lequel ils
nous affectent le plus vivement, nous ne voyons
dans la puce, qu'un animal dont la piqûre est
incommode ; dans le rat, qu'un ennemi de nos
provisions de ménage, dont les vols réitérés
nous obligent à élever des chats. Au moins le
plus grand nombre se contentent-ils de ces premiers aperçus, sans se procurer, par une in-
vestigation à laquelle ils ne songent même pas,
des jouissances qui sont réservées à l'homme du
monde, toutes les fois qu'il voudra jeter les
yeux sur ces ouvrages savans, produits des
veilles les plus laborieuses.

L'homme du monde fatigué de ses plaisirs
trop souvent répétés, dont il ne sent plus le

charme, ne lirait pas sans intérêt l'histoire de
ce rat qui se cache dans les caveaux de son
hôtel : il le verrait amasser des provisions avec
peine et par un travail constant ; il ne serait pas
touché moins vivement lorsqu'il le verrait combattre les chats qui menacent ses petits, avec
une témérité sans égale, un dévouement sans
réserve ; dût-il lui en coûter quelque peu de
farine, quelques sacs d'amandes, il désirerait
voir les petits trouver leur salut dans le péril de
leur mère : qui sait même si les pensers de
morale qui suivraient cette récréation, n'auraient pas le pouvoir de changer, pendant une
quinzaine de jours, des habitudes dont il est
excédé. De moindres causes ont produit de
plus grands effets.

LE MULOT.

Le mulot, espèce très-voisine du rat, offrirait
à ce même homme une leçon contre la dissipa-
tion. Une fois attiré par l'attrait de l'observation,
il n'est pas qu'il ne remarquât les provisions que
cet animal glaneur met en réserve pendant
l'été, pour fournir aux besoins de l'hiver : il se
demanderait sans doute pourquoi le mulot sépare le trou qu'il se creuse à un pied sous terre,
en deux loges bien distinctes, dont l'une lui

sert de magasin, tandis qu'il habite l'autre avec sa famille. Pendant le temps qu'il emploîrait à se répondre à cette question, combien de dépenses frivoles il aurait oublié de faire, de combien de plaisirs il se serait privé, qui, une fois évanouis, ne devaient lui faire éprouver que des regrets.

LA TAUPE.

La taupe a les yeux très-petits, mais elle n'est point aveugle comme on l'a si long-temps avancé; peut-être même doit-elle à cette disposition défavorable de l'organe qui étend les rapports de tout individu, la constance de ses habitudes sédentaires, son attachement pour sa compagne, et l'aversion et l'effroi que lui inspire toute autre société : elle y verrait davantage qu'elle serait moins heureuse, et que cette douce obscurité qui met son existence à l'abri des poursuites, lui deviendrait impossible.

La taupe ne quitte que rarement sa demeure souterraine, car elle sait l'étendre de manière à y trouver sa nourriture; l'abondance des pluies d'été la force parfois d'en sortir, mais il faut que les orages deviennent extrêmement fréquens pour que ses petits soient exposés à l'inondation.

Le domicile de la taupe, mérite une description particulière, comme ses vertus domestiques méritent un panégyrique. Le sol qu'elle choisit est doux, et de préférence peuplé de vers et d'insectes. Elle commence par pousser la terre au-dessous de laquelle elle s'est introduite, et finit par l'élever en un dôme assez solide, qu'elle a soin de recouvrir d'un sable mouvant qui cède sous le pied, et fait perdre toute sa force à la pression qu'il exerce : le dôme ainsi formé est soutenu, de distance en distance, par des piliers de terre battue, et mêlée d'herbes et de racines ; entre les piliers s'élève un tertre dont le sommet reçoit le lit des petits, formé de feuilles et d'herbe tendre, et le tient élevé près le sommet concave de la voûte ; autour du tertre, des trous en pente s'étendent de tous côtés, comme des rayons qui partiraient d'un centre commun ; ce sont des conduits de douze ou quinze pas, par lesquels la taupe mère va chercher la substance nécessaire à ses petits : ces chemins creux, sont aussi fermes, aussi battus que le reste de l'ouvrage, et comme le centre, ils sont toujours semés d'ognons, de colchiques, que l'on soupçonne être la première nourriture que peuvent prendre les jeunes taupes.

La taupe, que l'on représentait plongée dans

un sommeil léthargique pendant l'hiver, do
très-peu, même en cette saison, et il est faci!
de s'en assurer, car en soulevant la neige oi
aperçoit les traces qu'elle laisse après elle
lorsqu'elle va chercher sa nourriture. En décembre, il arrive fréquemment que les jardi
niers les prennent autour de leurs couches, oi
à l'entrée de leurs serres.

La taupe ne se trouve guère que dans les
pays cultivés : elle recherche, comme on vient
de le voir, les endroits chauds ; aussi ne la ren-
contre-t-on jamais dans les climats où la terre est
gelée pendant la plus grande partie de l'année.

LA CHAUVE-SOURIS.

Parmi les productions de la nature, il n'en
est pas une qui n'offre dans toutes ses parties
une harmonie complète, et qui ne soit, par
conséquent, aussi parfaite qu'elle devrait l'être:
cependant, soit ignorance de notre jugement
ou imperfection de nos organes, nous ne sen-
tons point toujours ce beau qui tient à des
rapports admirablement établis ; ce beau, qui
n'est autre chose que le nécessaire, et qui ré-
side en cela seulement que chaque organe est
le mieux disposé qu'il est possible pour l'accomplissement des fonctions qu'il doit remplir.

Nous nous arrêtons le plus souvent aux formes extérieures, et tout ce qui sort des règles ordinaires nous paraît monstrueux. Que nous manque-t-il pour porter un jugement tout contraire? L'habitude de voir ces mêmes êtres que nous trouvons disproportionnés, et l'absence prolongée de ceux avec lesquels nous nous sommes si long-temps trouvés que nous avons fini par les prendre pour modèles.

Quelquefois encore nos yeux sont égarés par nos souvenirs, et en jugeant un animal, un végétal, sous ses rapports physiques, nous tenons compte pour ainsi dire de ses rapports moraux. Il est telle plante vénéneuse dont nous refusons de reconnaître l'élégance ou la majesté ; tel animal carnassier que nous ne trouvons laid que parce que nous lui savons des habitudes sanguinaires. Pour apprécier les choses à leur valeur réelle, il faudrait que l'homme pût consulter ses sensations sans se laisser dominer par elles ; autant dire que, possesseur d'une intelligence supérieure à la sienne, il faudrait qu'il cessât d'être lui.

La chauve-souris est un de ces animaux que nous sommes convenus de trouver laids parce qu'ils nous affectent désagréablement. A demi-quadrupède et volatille imparfait, elle n'a pour ailes qu'une membrane semblable à celle qui réunit les digitations des pattes des oiseaux aquatiques; pour pieds de devant, des os monstrueusement alongés, qui ne sont recouverts ni de poils, ni de plumes; enfin, dans quelques espèces au moins (*l'oreillar-fer-à-cheval*), des oreilles d'une dimension extrême, par rapport au reste du corps.

Dans l'hiver, la *chauve-souris* s'enveloppe de ses membranes comme d'un manteau, et ainsi garantie du froid, elle se pend par les pieds de derrière, le long des murailles, dans les caveaux et les lieux souterrains. Appelle-rons-nous industrie cette obéissance à un avertissement de la nature, qui lui indique, et le lieu qu'elle doit habiter pendant la saison des frimas, et le moyen qu'elle doit employer pour se garantir de son influence ?

LE SURMULOT.

Parmi les dépouilles naturelles que le cabinet du Jardin des plantes de Paris offre aux regards des curieux, il est des portions de squelettes d'animaux dont les semblables ne se sont point retrouvés : il est des races éteintes ou émigrées dans des pays inconnus. Quelque surprise que doivent faire éprouver ces disparitions, lorsqu'on réfléchit que la nature

pour conserver les espèces fait des efforts constans et même sacrifie les individus à ce grand
intérêt, l'éloignement où nous sommes des
pays dans lesquels ont eu lieu ces changemens
rend le phénomène moins sensible pour la
foule, moins facile à étudier pour le naturaliste; mais l'intérêt croît également pour tous
quand il se passe sous nos yeux. On ne fut
pas médiocrement surpris lorsqu'en 1739, on
vit tout à coup paraître aux environs de Paris,
à Chantilly, à Versailles, un animal jusqu'a-
lors inconnu, le *surmulot*, dont l'origine reste
encore cachée dans les secrets de la nature.

Le *surmulot*, plus gros, plus grand que le
mulot, et différant de lui par des caractères très-
tranchés, a le poil roux, la queue extrêmement longue et sans poil, l'épine du dos arquée
comme l'écureuil et des moustaches comme le
chat. Attaqué, il se défend avec courage, avec
une sorte d'audace et ne mesure jamais la
force de ses ennemis. Sa morsure est enveni-
mée, et la plaie qu'elle fait est long-temps à
se fermer.

Le surmulot femelle offre un exemple tou-
chant d'amour maternel : attentive aux besoins
futurs des petits qu'elle porte en son sein, elle
leur construit un lit trois jours avant de mettre
bas. Quelques individus de cette espèce ayant

été mis en cage pour servir à l'observation, les mères, trois jours avant de se délivrer de leur fardeau, songèrent au lit de leurs petits, et n'ayant point d'autres matériaux à leur disposition que la planche de leur cage, elles se mirent à la ronger, en firent une quantité considérable de petits copeaux, qu'elles disposèrent ensuite par couches. Comme ce travail était plus pénible que la recherche dans les champs de petits morceaux de bois tout taillés, il fut aussi plus long, et les douleurs du délivre se firent sentir que le lit n'était point achevé. On vit alors les femelles redoubler d'activité et travailler encore en poussant des cris. Les mâles en ce moment se mirent aussi à l'ouvrage. Il est des leçons toutes naturelles que nous donneraient ces animaux si nous les observions de plus près, et qui vaudraient, à mon avis, bien des traités de morale.

LA MARMOTTE.

La marmotte est la compagne assidue des jeunes Savoyards qui viennent passer l'hiver dans nos villes. Nous n'entreprendrons point de la décrire puisqu'elle est exposée six mois de l'année à tous les yeux. Quelques-uns de ses historiens prétendent qu'elle est le premier

maître de ces jeunes garçons, qui ensuite deviennent à leur tour ses maîtres de danse.
Quand la marmotte se trouve entre deux rochers, elle pose ses pattes d'un côté sur l'un
des deux, ses pattes opposées sur l'autre, et
parvient ainsi à leur sommet. On assure que son
exemple a indiqué la première fois aux enfans
de la Savoie à monter dans les cheminées.

La marmotte n'est point difficile à élever;
elle mange tout ce qu'on lui présente : des
hannetons, des sauterelles, des herbes, des
racines; mais elle est plus avide de beurre et
de lait que de tout autre aliment. Quelque
lourde qu'elle paraisse, elle devient vive et
active quand il s'agit d'entrer dans les endroits
où ces provisions sont renfermées. Lorsqu'elle
y parvient, sa joie, qu'elle ne peut cacher,
ne tarde point à la trahir; dès qu'elle boit le
lait, elle fait entendre un murmure de conten-
tement qui attire les valets sur ses traces.

Si ce n'est le castor, il n'est peut-être point
d'animal plus industrieux que la marmotte; il
n'en est point dont les travaux soient plus ré-
guliers, plus constamment les mêmes. Un plan,
des devis semblent avoir été faits d'avance, et
dans la construction de leur maison d'hiver,
les marmottes suivent des règles fixes, et va-
riables seulement dans des proportions déter-

minées, selon le nombre des habitans que doivent contenir les appartemens.

Dès la fin de juillet, les marmottes préparent avec plus de soin leur retraite, qu'elles conservent d'ailleurs toute l'année; mais à cette époque elles l'agrandissent et la meublent avec art. C'est en commun qu'elles travaillent, et c'est avec une sorte de fraternité qu'elles partagent les fatigues. Le lieu du quartier d'hiver une fois convenu, et c'est ordinairement sur le penchant de la montagne, on va chercher les provisions. Les jeunes coupent les herbes, les tiges de foin que la faux a épargnées, soulèvent les mousses du pied des arbres, tandis que les vieilles les amassent par tas et chargent celles qui sont destinées à servir de voitures. Comme ce poste est le moins agréable, il est rempli tour à tour par chaque membre de la société. Une d'entre elles se met donc sur le dos et saisit entre ses quatre pates tout ce dont on la couvre, tandis que plusieurs autres la tirent par la queue et l'empêchent de tomber sur le côté. On arrive ainsi jusqu'au souterrain, où de nouveaux travailleurs reçoivent les matériaux et les séparent pour les employer à différens usages. La mousse et l'herbe tendre servent à faire les lits; le foin sec et dur est haché et détrempé avec la terre pour lui donner plus de solidité; travail tout-à-fait semblable à celui qu'entreprend le paysan qui élève un mur de bauge. Enfin, les branches d'arbustes sont autant de pilliers qui, tantôt droits au milieu de la chambre, ou tantôt en arcs-boutans et placés dans l'angle de la toiture et des murailles, soutiennent tout l'édifice.

Comme nous l'avons déjà dit, le domicile de la marmotte est sur le penchant du mont et près de son sommet; il a la forme d'un Y : à la réunion des trois branches est une pièce qui sert de salon et de chambre de conseil, mais plus long-temps encore de dortoir. Aussi propres que les chats, les marmottes ont un lieu désigné pour aller y déposer leurs ordures; c'est par la branche inférieure de l'Y que celles-ci s'écoulent, de manière que la chambre, très-haute d'ailleurs, se trouve à l'abri de toute odeur infecte et de toute humidité. Les deux branches supérieures représentent deux conduits, qui ont chacun une ouverture; c'est par une de ces routes que les marmottes introduisent leurs convois de vivres; l'autre est un chemin couvert par lequel elles rentrent ou font une sortie selon les cas et la nature du danger.

C'est vers la fin de septembre et jusqu'au commencement d'avril que la marmotte se recèle dans sa retraite; mais elle n'y reste point

engourdie six mois de l'année, comme on l'a
d'abord généralement cru : si on la trouve parfois engourdie, c'est pendant un espace de
temps beaucoup plus court qu'elle reste en cet
état. Quoique habitant les sommets neigeux et
glacés des Alpes, la marmotte est très-sensible
au froid; elle se cache aussi pendant l'orage et
semble craindre jusqu'à la pluie la plus fine.
Lorsqu'il souffle un vent chaud et que des
troupes de marmottes sont à se battre sur le
gazon, une d'elles, placée en vedette sur une
roche élevée, les avertit par un sifflet aigu de
l'approche de l'homme, du chien, de l'aigle,
ou de tout autre ennemi; elles se précipitent
alors vers leur trou, et la sentinelle attend que
toutes soient rentrées pour quitter son poste,
comme si cette condition faisait partie de sa
consigne.

Sauf quelques dispositions malignes qu'on
ne trouve point chez les animaux dont nous
venons de peindre la vie, l'homme, dans les
premiers âges du monde, devait avoir avec
eux la plus grande ressemblance; il vivait déjà
en société, et, moins civilisé qu'aujourd'hui, il
était plus juste, il était meilleur.

LE CASTOR.

Cet architecte exécute des travaux si parfaits, il y a tant de calcul dans ses plans, tant de précision dans leur exécution, qu'on ne saurait lui refuser une intelligence supérieure, et qu'involontairement on le placerait, en examinant ses ouvrages, bien au-dessus de l'homme sauvage, de l'homme dépourvu de tous les avantages qu'il ne doit qu'à son état de société. Le castor ne s'assemble point sans choix ; il est des individus dans l'espèce qui, par un arrêt public, sont éloignés de l'association ; flétris par ce banissement, et las d'une vie réprouvée ils ne cherchent point à la rendre plus supportable par des établissemens qu'ils pourraient encore élever. Seuls et retirés dans un terrier ou sur le bord d'un fossé, ils végètent tristement, et quelques écrivains même ont voulu reconnaître chez ces castors solitaires des défauts qu'ils ont donnés comme cause de leur exil.

Ces faits, s'ils étaient prouvés, nous feraient accorder au castor une puissance morale, que jusqu'ici nous avons cru n'être départie qu'à nous seuls : ce qu'il y a de bien constant, c'est que le castor ne déploie ses rares talens que

II.[e] PL. — QUADRUPÈDES.

dans un état de pleine liberté, et que s'il n'habite un pays parfaitement tranquille, et qu'il vienne à craindre les poursuites de l'homme il ne songe plus à bâtir. C'est l'artiste qui ne peut composer, s'il n'est possesseur d'un immense horizon.

Nous avons vu presque tous les animaux que nous avons jusqu'ici passés en revue, couper du bois pour se construire une cabane, se faire un lit des débris de certaines plantes, et se servir, comme d'une arme ou d'un instrument, des bâtons et des pierres que le hasard leur faisait rencontrer : ici, les effets produits sont d'un ordre plus élevé; les causes sont plus intellectuelles; ce n'est plus une mécanique chez laquelle un ressort mis en mouvement par un poids calculé d'avance doit exécuter tel mouvement et se déplacer d'un certain nombre de degrés : ici, tout semble le résultat d'une volonté modifiée selon le lieu, selon l'époque, selon les circonstances. Le castor ne bâtit point près la demeure de l'homme comme l'abeille, qui dépose son miel jusque dans la ruche spoliatrice; il ne commence point ses travaux aux mêmes jours de l'année; ses ateliers sont ouverts plus tôt ou plus tard, selon que les édifices dont l'érection est projetée doivent être plus ou moins considérables; enfin, si dans une inondation les digues du castor ont été enlevées, si les cabanes ont souffert, il se remet à l'ouvrage dès que les eaux baissent, et consacre aux fatigues un temps qui devait s'écouler dans un doux repos, au milieu des plaisirs et des douceurs de la vie domestique.

Le castor est moins fin que le renard, moins prudent que l'éléphant, moins spirituel que le chien ; il commerce difficilement avec l'homme, et ses qualités, étant pour ainsi dire toutes intérieures, et n'étant jamais développées que dans ses rapports avec ceux de son espèce, nous lui avons long-temps refusé la réputation d'industrie qu'il mérite. Les relations des premiers voyageurs nous ont trouvés incrédules, et ce n'est qu'après avoir entendu les autorités les plus respectables accorder leur croyance à ces récits mille fois vérifiés, que nous avons fait violence à la nôtre. Tout est mystère dans la nature ; mais, habitués à voir des miracles, nous n'en sommes plus frappés, et ceux-là seulement nous étonnent qui ne sont pas sous nos yeux et dont les relations nous parviennent de pays éloignés.

C'est vers la fin du mois de juin que les castors s'assemblent ; ils se rendent de toutes parts au lieu fixé pour le rendez-vous, à peu près comme les paysans de plusieurs cantons au bourg où se tient une foire célèbre. L'endroit où ils se réunissent est ordinairement celui où la colonie doit s'établir. Peu d'instans sont employés au plaisir et l'heure du travail vient de sonner. Tout s'agite ; les deux ou trois cents castors sont en marche par bandes, et le nombre des travailleurs dans chaque troupe est proportionné à la partie de l'ouvrage commun qu'elle doit entreprendre. Deux castors coupent un arbre de la grosseur du bras ; d'autres, plus nombreux rongent au pied un tronc plus gros que le corps d'un homme. C'est même une bonne fortune pour eux quand ils rencontrent sur le bord de la rivière où ils s'établissent, un arbre qu'ils peuvent abattre, car ils le font tomber dans les eaux, et comme ils ont soin de le diriger de manière qu'il coupe leur lit en travers, ce sont des fondemens promptement faits pour la digue qu'il faut élever. Cet arbre ainsi rongé à un pied de sa base et jeté sur cette partie de son tronc qui fait face à l'eau, les castors en rongent les branches afin qu'il porte partout également et ne laisse pas aux courans des arcades par lesquelles, dans la crue des eaux, ils se précipiteraient également et renverseraient l'édifice. Les pieux arrivent ensuite, et il est étonnant que coupés à d'assez grandes distances les uns des autres, et par des animaux qui ne peuvent même pas communiquer pendant l'opération, ils se trouvent tous de dimension égale, qu'ensuite ils soient enfoncés dans la terre d'une même quantité, et qu'ainsi leurs extrémités supérieures soient encore de niveau.

Combien les travaux, au point où nous les supposons arrivés, ont déjà dû offrir d'obstacles aux travailleurs : que de difficultés surmontées ! il a fallu, sans autre secours que deux dents incisives, que le castor parvienne à couper à sa base un arbre très-gros et qu'il le modère et le dirige dans sa chute ; travail qui occupe plusieurs hommes, armés de haches, pendant un laps de temps assez considérable. Ensuite avec ses dents et ses pattes il a été obligé d'arracher les branches qui s'opposaient à ce que l'arbre posât au fond de l'eau, et l'écorce qui l'aurait empêché de se durcir en l'enveloppant d'un corps spongieux et constamment humide : enfin, des pieux apportés souvent de très-loin jusqu'au lit du fleuve, ont été dressés verticalement et enfoncés avec les pattes dans des trous dont la terre avait été auparavant déblayée. Eh bien ! ce n'est point tout encore, l'œuvre dans cet état ne leur semble qu'imparfait ; il faut que leur queue, cette truelle plate et écailleuse que leur a donnée la nature soit mise à l'usage auquel la nature a voulu qu'elle servît. Les castors vont chercher des terres argileuses qui résistent à l'action de l'eau ; ils les enlèvent avec leurs pieds de devant et les apportent dans leur gueule jusqu'à la digue. Alors ils en remplissent tous les interstices restés vides, et à coups de queue ils la battent au point qu'il semblerait que la main de l'homme est venue à leur aide.

Voilà certainement qui dérange toutes nos combinaisons et qui donne un démenti à cet orgueil qui nous porte à refuser aux animaux une intelligence émanée comme la nôtre d'une source de grandeur et de pureté. Homme vain et superbe, que ne pourrait exécuter le castor, si, délivré de son poil et de ses écailles, il obtenait soudain par tout son corps le don du toucher, et si sa main, applicable comme la tienne sur toutes les faces des objets les plus irréguliers, lui permettait d'opposer un de ses doigts à tous les autres. En vain tu voudrais mesurer ce qu'un changement de forme peut ôter ou ajouter ; ce calcul est trop au-dessus de tes forces.

La digue est terminée : et, par une prévoyance qui semble née des connaissances les plus positives de l'hydraulique, elle est large à sa base de douze pieds, de deux seulement

à son sommet, et par conséquent en glacis, d
manière à offrir à la force de l'eau un pla
oblique qui la décompose, et rend ainsi l'ou
vrage plus solide en rendant plus faible l'ac
tion destructive des courans. Rien n'est oubii
dans cette construction miraculeuse.

Au-dessous de ce travail avancé, qui n'e
élevé que pour les protéger, sont construit
les habitations : les unes ont deux étages, d'a
tres en ont trois, et enfin, plusieurs n'o
qu'un rez-de-chaussée ; le plancher inférie
est posé sur pilotis ; les murailles ont deux pie
d'épaisseur, et les ouvertures ou fenêtres so
coupées en figures géométriques : elles sont to
jours au nombre de deux, l'une donne si
l'eau, et l'autre du côté de la terre : la form
de la maisonnette entière est ovale ; c'est un
voûte qui la termine et qui lui sert de toiture
un mastic impénétrable à l'eau, formé de ter
grasse et de petits morceaux de bois ou de pe
tites pierres, sert à les enduire ; c'est, pour la
propreté et la solidité, un véritable stuc.

Les cabanes ne sont pas construites comme
la digue, à frais communs ; ceux qui doivent
habiter une d'elles, se rassemblent pour y travailler et ne sont point aidés par d'autres. Ici
il est impossible de refuser au castor de la réflexion, car il arrive que les dimensions de la

maison sont toujours en un rapport exact avec le nombre d'habitans qu'elle doit contenir ; les plus petites cabanes contiennent deux, quatre et six castors ; les plus grandes, douze, vingt et jusqu'à trente, presque toujours en nombre pair, autant de femelles que de mâles. Ainsi, deux cents ou deux cent cinquante ouvriers associés, ont coopéré au grand ouvrage public, et se sont partagés ensuite par compagnies, pour édifier les habitations particulières.

Le castor est dans une position heureuse lorsqu'il travaille, et peut-être a-t-il moins besoin de courage et de persévérance qu'on serait d'abord tenté de lui en souhaiter ; il aime le bois tendre par-dessus tout autre aliment, et dès qu'il se met à l'ouvrage, il ronge des aulnes et des peupliers. Ses heures de travail sont un continuel repas.

La demeure des castors est propre, car c'est dans l'eau qu'ils vont déposer leurs ordures ; elle est pavée, car ils y étendent des branches de buis et de sapin, qu'ils ont soin de renouveler dès qu'elles ont été mutilées. Un attachement conjugal, contre lequel des goûts nouveaux n'ont aucun pouvoir ; des appétits modérés, saisfaits par l'abondance des vivres qu'ils prennent soin d'amasser ; des habitudes simples, et parmi eux une confiance extrême, qui jamais n'est trahie....... voilà sur quelles bases repose la félicité des castors. Que de sociétés humaines ont des liens moins doux et moins solides !

C'est en hiver que les chasseurs vont troubler le castor dans sa retraite; sa fourrure fort estimée, et presque seule employée jadis pour la fabrication des chapeaux, est aujourd'hui remplacée par des peaux d'animaux indigènes et même fort communs. La chasse du castor est difficile, en ce qu'ils évitent, en se plongeant dans l'eau, qu'on les approche, et qu'une sentinelle, d'un coup de sa queue sur la surface de l'eau, donne l'éveil à une bourgade tout entière; ce signal d'alarme retentit dans toutes les habitations, et les mâles s'éloignent, tandis que les femelles se blouissent dans l'endroit le plus retiré de la cabane avec leurs petits, et font des morsures cruelles si elles sont découvertes et poursuivies. Si les chasseurs détruisent les travaux à plusieurs reprises, et tuent un grand nombre de castors, ceux qui survivent se dispersent pour échapper au péril, et réduits à une existence ordinaire, ils ne s'occupent, au fond d'un terrier, qu'à pourvoir à leurs besoins les plus pressans; on dirait que, dégoûtés d'une épreuve fâcheuse, ils ont perdu sans retour ces talens et ces qualités sociales que nous venons d'admirer.

L'ONDATRA.

Le rat musqué du Canada, appellé *Ondatra*, par les sauvages de l'Amérique septentrionale, est à peu près gros comme un jeune lapin, et très-rapproché du rat par sa forme et par la couleur de son poil : sa queue, aplatie sur les côtés, le distingue du rat ordinaire ; il ne mord pas, et apprivoisé très-jeune, il peut devenir domestique ; il est même très-joli, et, sans l'odeur musquée qu'il répand à une certaine époque, il est probable qu'il serait, comme le chat, familier dans les habitations humaines.

Au reste, il se construit lui-même une cabane, au moyen d'herbes et de terre détrempée, qu'il a soin de pêtrir ensemble ; cette demeure, dans laquelle il passe l'hiver, est de forme ronde, et son dôme qui offre plus d'un pied d'épaisseur, le met à l'abri des inondations du ciel et des neiges qui le couvrent une partie de l'année ; il pousse même les précautions jusqu'à construire dans l'intérieur, des gradins sur lesquels il se garantit de l'humidité, lorsque les eaux séjournant sur la terre envahissent le terrain de la cabane. A cette époque, il se nourrit des provisions amassées pendant l'été, et qu'il a placées en une sorte de grenier. Quand l'eau s'est retirée, il se creuse des chemins souterrains dans lesquels il découvre des racines qui aident à soutenir son existence, jusqu'au jour où le soleil venant à frapper de ses rayons les glaces qui obstruent les ouvertures de sa retraite, lui rende le jour et la liberté.

Les chasseurs se servent, pour détruire les ondatras, de l'absence où ils ont été de la lumière, et ouvrant précipitamment la cabane aux rayons du soleil, ils les éblouissent au point de les empêcher de fuir. On ne peut, à cause de l'odeur trop forte qu'elle conserve, se servir de leur peau comme fourrure; mais son poil, après avoir subi plusieurs préparations, entre dans la confection des chapeaux.

LE PETIT-GRIS.

Ce petit quadrupède, assez semblable à l'écureuil, est celui duquel nos fourreurs tirent ces jolies garnitures d'hiver, appellées *petit-gris*. Trop vif pour qu'on puisse lui supposer une intelligence très-développée, le petit-gris n'en a pas moins la prévoyante habitude d'établir un magasin d'hiver dans le creux d'un arbre, et d'y rester enfermé lui-même pendant la saison des froids, temps où il met au jour des petits qui peuvent se passer de lui à l'entrée du printemps.

Le *palmiste* et le *barbaresque*, deux autres espèces qui ont avec le *petit-gris* toutes les ressemblances communes aux individus d'un même genre, partagent aussi les conditions de son instinct, et, comme lui, garnissent de provisions leurs quartiers d'hiver, et semblent calculer avec une précision admirable, l'étendue que doivent avoir leurs greniers d'abondance.

LE SARIGUE.

Le sarigue femelle a été donné comme un modèle d'amour maternel, et la nature semble l'avoir créé pour montrer à la mère les devoirs que son titre lui commande, pour inspirer aux enfans la reconnaissance par l'image de la plus tendre sollicitude maternelle. Le sarigue femelle a une poche placée à la partie postérieure et inférieure du ventre, dans laquelle séjournent ses petits, jusqu'à ce qu'ils soient assez forts pour se passer de toute assistance. Rien n'est plus intéressant à observer qu'une sarigue environnée de ses petits, et qu'un bruit sinistre vient épouvanter ; elle se dresse sur ses pattes de derrière, et, par un cri d'alarme, elle avertit ses petits : les plus forts accourent les

premiers, et d'eux mêmes se précipitent dans
la poche de refuge ; elle aide les plus petits à y
monter, en les saisissant avec sa gueule ; puis
elle se met à fuir aussi vite que lui permet son
cher fardeau. Quand on parvient à l'apprivoiser, ce qui est d'ailleurs assez facile, on peut
visiter ses petits et les aller prendre jusque
dans cette poche. Elle est d'un naturel confiant
et facile à nourrir, ce qui la rendrait très-propre
à la domesticité, si l'odeur infecte qu'elle répand n'éloignait, presque autant que sa laideur,
du désir de l'élever : son poil, qui n'est ni lisse
ni frisé, a toujours l'air sale, et on se figure aisément qu'une gueule fendue jusqu'auprès des
yeux, que des oreilles de chouette et une queue
de serpent, sont de trop laides parties pour former un tout agréable.

Le sarigue femelle et son mâle, excellent
parmi les animaux chasseurs, par leurs ruses
et le nombre des victimes de leur adresse ;
tous deux à queue longue et *perçante*, ils la
roulent autour d'une branche d'arbre et se
laissent pendre immobiles jusqu'à ce qu'un
petit oiseau approche d'eux : alors ils le saisis-
sent et le mettent à mort sur-le-champ ; c'est
avec cette première proie qu'ils obtiennent
toutes les autres. En effet, déposant ce petit
oiseau en un lieu où ils puissent aisément at-

teindre, ils laissent les oiseaux carnassiers en approcher, et tombent inopinément au milieu du repas qui se termine par un grand carnage.

C'est au Brésil, dans la Guyanne et les Florides, que le sarigue est en grand nombre. Quelques auteurs assurent que les petits d'une sarigue, mis au jour lorsqu'ils sont à peine gros comme une fève ordinaire, restent attachés au mamelon jusqu'à ce qu'ils soient gros comme une souris, et qu'alors ils se détachent et tombent dans la poche dont nous venons de parler.

L'ÉLÉPHANT.

Chef-d'œuvre d'intelligence, et peut-être après l'homme celui de tous les animaux chez lequel il serait le plus facile de reconnaître une création divine, l'éléphant, estimé par toute la terre à cause de ses qualités morales, a été divinisé par les Indiens; ils lui ont élevé des temples, et de nombreux domestiques lui ont servi des mets recherchés dans des vases d'or. Sans se laisser séduire par tant de respects, sans imiter les habitans de Siam, sans entourer l'éléphant d'une servile admiration, les Européens l'ont toujours traité avec douceur; ils respectent la noblesse et la fierté de son caractère: ils ont senti qu'il fallait récompenser par des égards, les nombreux services que leur rendait un animal qui sait distinguer le blâme de la louange. L'œil de l'éléphant, plein d'expression et d'une extrême mobilité, interroge les actions de ceux qui l'entourent, et ne se méprend point sur l'intention qui les détermine ; son regard est suppliant quand il se croit coupable, ferme quand il est injustement menacé, terrible dès qu'il croit recevoir une marque de mépris, et caressant lorsqu'on lui procure quelque plaisir, ou lorsqu'on lui présente un enfant, âge dont il semble reconnaître et la faiblesse et l'innocence.

Si, comme toutes les observations nous portent à le penser, les facultés intellectuelles se développent d'autant plus que les sens sont eux-mêmes dans un état plus parfait, il n'est point surprenant que l'éléphant possède de si rares qualités : sa trompe, organe admirable, a le don de s'appliquer exactement sur les corps, par son extrémité mobile, et d'exécuter tous les mouvemens, soit bornés, soit étendus, dont il éprouve le besoin : avec cette main, presque l'égale de celle de l'homme, il soulève des fardeaux énormes, et il peut, lorsqu'elle saisit un objet, le retenir en opérant le vide à l'extrémité de la trompe par une véritable succion ; enfin, toujours au moyen du même instrument, il parvient à apprécier les distances, et cette trompe corrige pour lui les erreurs de la vision. L'odorat extrêmement perfectionné de l'éléphant doit contribuer aussi à son jugement, et secondé par une organisation aussi favorable, il est moins singulier qu'il ait été pris pour symbole de la sagesse et de la prudence.

Avec tant de ressources pour s'élever au milieu des autres animaux en despote, l'éléphant a paru mépriser la tyrannie, et jamais on ne le voit la disputer à l'homme, auquel il se soumet lui-même. Sa soumission n'est cependant pas un esclavage sans conditions, et il force le maître de tous les animaux à des marques de déférence. Il sert avec zèle, avec fidélité, intelligence; mais il ne souffre point de mauvais traitemens, et quand il est mal récompensé de son dévouement, il rappelle tout son état sauvage, et oublie en même temps qu'il s'est un jour laissé dompter. Il n'est plus alors d'autre moyen de se garantir de sa fureur, que de le sacrifier, et souvent il faut pour le mettre à mort se servir d'artillerie. Dans ses transports de colère, il est encore sensible à la voix de celui dont il n'eut qu'à se louer, et sa reconnaissance sauve ses amis de ses emportemens. Dernièrement un éléphant, que l'on montrait à Genève, devint furieux, et cependant une femme à laquelle il appartenait, madame *Garnier*, put l'approcher sans crainte, afin de l'attirer dans un bastion, où on l'immola à la sûreté publique. On rapporte qu'un de ces animaux ayant écrasé son cornac, dans un moment de colère, l'épouse de ce malheureux vint dans son désespoir s'offrir à ses coups, et jeter devant lui ses deux enfans, en lui criant : *qu'ayant tué le père, il ne devait point épargner les enfans*. Cette action étonna l'animal; il parut à l'instant même se calmer, saisit le plus âgé des deux enfans, et l'ayant placé sur son dos, il ne voulut jamais avoir d'autre conducteur.

Un soldat de la garnison de Pondichéri, le jour qu'il recevait son prêt, avait l'habitude de porter à un éléphant une mesure d'arack : un jour qu'il était ivre, et poursuivi par la garde, qui voulait le mettre en prison, il se réfugia sous cet animal. En vain la garde essaya de l'arracher de cet asile. Le lendemain, quand le soldat se réveilla, il frémit en se trouvant couché sous cette masse énorme, et ne fut rassuré que par les caresses que lui prodigua son reconnaissant protecteur.

Un éléphant, blessé à la bataille d'Hambourg, courait à travers champs, poussant des

cris affreux, et allait écraser un soldat étendu
sur le champ de bataille, qui dans l'effroi du
sort qui lui était réservé, ne trouva de force
que pour lever les bras en l'air. L'animal, les
saisissant avec sa trompe, le plaça doucement
de côté, et continua sa route.

Il est assez facile de dompter l'éléphant,
qui consent à fléchir devant l'homme dès qu'il
reconnaît sa supériorité. La chasse de l'éléphant
est très - curieuse et rarement meurtrière,
grâce à l'agilité des chasseurs, et aux soins
qu'ils prennent d'élever des palissades, derrière
lesquelles cet animal immense ne saurait les
poursuivre.

Parmi les nombreuses relations de chasses
que nous possédons, nous choisirons de préférence, comme la plus complète, celle que
nous trouvons consignée dans le second voyage
du P. Tachard.

« A peine, dit-il, on était descendu de cheval, que le roi parut escorté des mandarins,
montés comme lui sur des éléphans de guerre.
On suivit, et on s'enfonça dans l'épaisseur du
bois, l'espace d'une lieue environ, jusqu'à
l'enclos où étaient les éléphans sauvages. C'é-
tait un parc carré, dont les côtés étaient fer-
més par une grande quantité de pieux. Dès
qu'on fut arrivé, on fit une enceinte d'environ

cent éléphans dressés, qu'on porta autour du parc, pour empêcher les éléphans sauvages de franchir les palissades. On poussa ensuite, dans l'enceinte du parc, une douzaine des éléphans privés, des plus forts, sur chacun desquels deux hommes étaient montés, avec de grosses cordes à nœuds coulans. Ils poursuivaient l'éléphant, que les palissades et les éléphans de guerre empêchaient de fuir; et, avec beaucoup d'adresse, ils jetaient leurs nœuds aux endroits où il devait mettre ses pieds. Lorsqu'il était une fois saisi de la sorte, ils le plaçaient entre deux éléphans privés, et l'obligeaient, en l'attachant avec eux, à suivre tous leurs mouvemens. Un troisième éléphant sert quelquefois aussi à tirer les plus difficiles, tandis qu'un quatrième, dressé à cet exercice, les pousse par derrière à coups de défenses. Quand l'éléphant est trop agité, et que l'on craint qu'il ne devienne furieux, on l'arrose avec beaucoup d'eau froide, et ces douches semblent le calmer. On l'attache pendant douze heures, ou plusieurs jours, au pied d'un gros pilier, et il est rare qu'après ce temps d'épreuves, il ne soit pas aussi soumis que ceux qui ont aidé à le priver de sa liberté. »

L'éléphant est courageux, et dans les combats, avant l'invention de l'artillerie, il dépeuplait les rangs : quelquefois encore, au lieu de le lancer au milieu des ennemis, on s'en servait seulement comme moyen de transport. A l'aide d'un éléphant on rassemblait plusieurs guerriers dans une même tour, du haut de laquelle ils pouvaient espionner leurs ennemis et les assaillir avec plus d'avantage. Les rois faisaient aussi élever leur siége royal sur un éléphant et assistaient au combat, le manteau sur le dos, la couronne en tête et le sceptre à la main.

L'éléphant a beaucoup de mémoire ; mais c'est peut-être imaginer plus encore que la réalité que d'admettre que, lorsqu'il a été pris au piége et qu'il s'est enfui pour retrouver ses bois et sa liberté, il ne marche plus sans sonder le terrein au moyen d'une branche d'arbre.

Cet animal rend, dans les Indes, les mêmes services que les chevaux en France, et les mulets en Espagne ; il sert à transporter toute espèce de fardeau ; sac, paquet, tonneau, il porte tout, et toujours avec adresse. Toutes les parties de son corps sont d'ailleurs propres à ce transfert des marchandises. Les commissionnaires chargent ses défenses et lui font même porter à sa gueule les plus petits objets. Les éléphans savent disposer les paquets que l'on embarque dans un bateau de manière à ce qu'ils soient

3**

préservés de toute avarie, et même on les a vus
aller chercher des pierres avec leur trompe
afin de caler une roue ou un tonneau qu'ils ne
pouvaient parvenir à fixer sans ce moyen ingénieux.

La vie de l'éléphant, que quelques naturalistes croient devoir porter jusqu'à trois cents
ans, est de cent trente à cent cinquante ans
environ ; dans l'état sauvage, il soutient son
existence avec l'herbe, qu'il préfère à tout
autre aliment : prisonnier de l'homme, il a
une table plus splendide : celui que le roi de
Portugal envoya à Louis XIV en 1668, et qui
passa treize ans à la ménagerie de Versailles
mangeait tous les jours quatre-vingts livres de
pain, douze pintes de vin et deux sceaux de
riz cuit dans l'eau, sans tenir compte de ce
que lui donnaient les curieux pour le récompenser de quelques représentations, de quelques
tours d'adresse. On se récréait surtout à le voir
jouer avec une gerbe de blé ; car, après en
avoir mangé les grains, il faisait des poignées
de la paille, et s'en servait pour chasser les
mouches.

Les antipathies comme les sympathies, pouvant tenir à l'intelligence, il ne nous semble
point déplacé de rapporter ici l'aversion de l'é-
léphant pour le cochon ; il fuit cet animal avec

un soin extrême, et l'on attribue à la mauvaise
odeur du porc la précipitation avec laquelle il
se met à courir alors même qu'il ne fait qu'entendre son cri.

Enfin, et pour tracer l'histoire complète des
qualités et des défauts de cet intéressant animal, nous ajouterons qu'il est sensible à la toilette : plus on le couvre de bandelettes, de
plaques et d'ornemens en tout genre, plus il
est satisfait : on en a même vu quelques-uns,
passant du palais d'un prince dans la cabane
d'un simple citoyen, changer tout à coup de
caractère, et comme s'ils avaient pu sentir
leur mauvaise fortune, concevoir du chagrin
et périr de langueur.

L'éléphant serait le roi des animaux, s'il
réunissait la méchanceté à l'intelligence, le
désir de régner au pouvoir de soumettre. L'é-
léphant est à placer avant le singe, avant le
perroquet, même avant le chien, dans la liste
des animaux qui se rapprochent davantge de
l'homme.

LE HAMSTER.

Très-rapproché par tous ses caractères physiques du rat d'eau, le hamster n'en diffère que
par sa queue, qui est aussi courte que celle de

nos rats est longue. Cette dissemblance est même le seul signe qui puisse le faire reconnaître à la première vue. Ennemi de son espèce, le hamster livre à ses semblables une guerre à mort; et lorsque les philosophes reprochent aux hommes d'être les seuls animaux qui s'entredétruisent, ceux-ci peuvent se défendre, au moins par un exemple, de ce privilége exclusif de cruauté qui leur est accordé. Le hamster est même plus féroce que l'homme, car il n'est point rare que dans cette espèce le mâle dévore sa femelle, si celle-ci ne prend point la sage précaution de lui ôter la vie pour conserver la sienne.

Il est à remarquer que le hamster est peut-être le seul des animaux qui, possédant beaucoup d'instinct est dépourvu de tout attachement pour sa compagne et pour ses petits; car, ordinairement la nature, sage dispensatrice de ses dons, semble ne les prodiguer qu'aux êtres qui peuvent ajouter à leur éclat par d'autres qualités. Ainsi, l'animal sauvage et carnassier est presque toujours voyageur : il n'a d'asile que le creux du rocher entr'ouvert par le hasard; il n'a de moyens de vivre que la force, le vol et la destruction; il est imprévoyant, et l'absence de proie le livre à toutes les douleurs de la faim : au contraire, l'animal herbivore,

doux et facile à apprivoiser, sait se construire
des magasins où il met en réserve les provisions
de l'hiver; il donne à ses petits une véritable
éducation; il sert l'homme, mais il sait retirer
de son esclavage des avantages précieux pour
sa conservation ou pour son existence. Le hamster est doué de toutes ces facultés et ne possède
aucune de ces vertus. Quand vient l'hiver, il
se creuse des chambres à plusieurs pieds au-
dessous de la surface du sol, et c'est ordinairement vers la fin d'août qu'il commence ce
travail. Il choisit une terre qu'il puisse aisément
creuser, et qui cependant ne soit pas argi-
leuse et ne renferme aucune humidité. Des
grains toujours choisis et nettoyés avec soin
sont les provisions qu'il y dépose. La manière
dont il en fait le transport mérite d'être rapportée. Pourvu de deux bajoues, il les remplit d'épis ou de racines tendres, et quand il
est arrivé à la chambre qui doit servir de réserve, il les chasse, en pressant extérieurement
ses joues avec ses pattes de devant; il est très-
adroit d'ailleurs dans l'érection de son habitation : incapable de longues courses, il s'établit
dans un pays fertile et abondant en céréales.
L'approvisionnement, l'étendue et la disposition des caveaux diffère selon l'âge et le
sexe : le domicile du mâle, qui habite seul,

sauf le temps très-court consacré à la reproduction, a un conduit oblique, à l'ouverture
duquel est un monceau de terre exhaussé, tandis qu'un autre corridor perpendiculaire fait
communiquer le péristyle avec les chambres
souterraines. Ces caveaux sont au nombre de
deux, trois ou quatre, et disposés en forme
de voûte, tant par-dessus que par-dessous :
leurs dimensions sont en un rapport constant
avec la quantité de provisions. C'est par le trou
perpendiculaire que le hamster entre dans son
habitation ; c'est par le conduit oblique qu'il
jette au-dehors la terre qu'il enlève au moyen
de ses pattes. Chez la femelle, un des caveaux
qui ne contient point une seule graine est occupé par un nid d'herbe et de paille ; chez le
mâle, il est rempli par un lit aussi moelleux
que bien disposé. Quand on les chasse, et qu'au
moyen du pic on pénètre dans leur demeure,
on y trouve jusqu'à deux boisseaux de graines
par chaque domicile, et ces provisions rapportent autant au chasseur que leur peau, dont
toutefois on fait des fourrures. Il est des années
où les hamsters, devenus très-rares, repa-
raissent tout à coup en quantité considérable,
et l'on conçoit que la dévastation qu'ils font
des récoltes doit alors porter préjudice au cultivateur.

Le hamster passe dans l'engourdissement le milieu de l'hiver; mais il s'enferme avant l'époque marquée pour sa léthargie, et c'est afin de vivre jusqu'au sommeil, et aussi en se réveillant, qu'il entasse dans ses greniers le blé et les racines.

LES GERBOISES.

La plupart des naturalistes ont adopté cette dénomination de *gerboises*, afin de désigner toute une famille d'animaux qui ont les pattes de devant si courtes, par rapport à celles de derrière, qu'ils semblent bipèdes : ils sautent d'ailleurs comme les oiseaux, au lieu de poser une patte l'une devant l'autre. Le *gerbo*, qui sert de type à cette race toute particulière, est encore un de ces animaux approvisionneurs, desquels nous nous sommes trop long - temps entretenus, pour nous y arrêter plus longuement. Il n'est même remarquable que par son organisation physique. Ses pattes de devant, véritables mains, qui lui servent à porter les alimens à sa gueule, ont cinq doigts garnis d'ongles, et sont susceptibles de mouvemens très-variés. La description que l'on nous fait de ses formes, dans les recueils d'histoire naturelle, est d'ailleurs très-propre à exciter la curiosité. Assez adroit de ses mains, il l'est encore de sa queue, qui, longue trois fois environ comme son corps, est terminée par une houpe noire et blanche, et douée d'une extrême mobilité : ses jambes sont nues et de couleur de chair très-tendre, aussi-bien que son nez et ses oreilles : le dessus de sa tête, et son dos, sont couverts d'un poil rousseâtre assez long ; tandis que ses flancs, le dessous de son cou, son ventre, et le dedans de ses cuisses, sont blancs : il a constamment une ceinture noire, qui prenant naissance près de la queue, va lui ceindre les reins.

LA MANGOUSTE.

Un des protecteurs de l'Égypte, la *mangouste* est le chat du pays, et ce grand ennemi du crocodile, que les anciens ont appelé *ichneumon*. Elle détruit les portées de ce tyran du Nil, et s'oppose à sa multiplication, qui sans cela deviendrait bientôt redoutable aux Égyptiens, par le nombre considérable de ses œufs. Elle fait également la guerre aux oiseaux, avec une adresse extrême, et aux rats, qu'elle poursuit avec plus d'avidité, que le chat lui-même.

Son intelligence lui fait exécuter deux actes,

qui sembleraient exiger toute la réflexion de
l'esprit humain : elle sait mesurer sa marche,
d'après le but vers lequel elle la dirige, et
quand elle éprouve l'influence du venin des
serpens, qu'elle combat avec autant de courage que de succès, elle va chercher, parmi
les plantes, les antidotes les plus précieux,
et les emploie à détruire la force du poison,
afin de retourner au combat. Quant à sa marche, elle varie, comme nous venons de le
dire, selon le besoin : quelquefois elle porte
la tête haute, raccourcit son corps, et s'élève
sur ses jambes; d'autres fois, elle a l'air de
ramper et de s'alonger comme un serpent;
souvent elle s'assied sur ses pieds de derrière,
et plus souvent encore, elle s'élance, comme
un trait, sur la proie qu'elle veut saisir.

La mangouste, mâle ou femelle, offre une
singularité remarquable dans son organisation :
elle porte une poche indépendante des conduits naturels, et de laquelle découle une liqueur odorante. On a prétendu, et nous ne
saurions déterminer le degré de croyance que
mérite cette assertion, que ce réservoir ne lui
servait qu'à se rafraîchir, quand l'atmosphère
est par trop chaude.

La mangouste s'apprivoise aisément, et se
vend dans tous les marchés de l'Asie méridie-

nale, comme les furets dans les marchés d'Europe : elle est même susceptible d'attachement; et *M. le président de Robien*, qui en portait une habituellement dans son chapeau, racontait des choses merveilleuses de sa fidélité, et faisait à tout le monde l'éloge de sa propreté et de sa gentillesse.

L'ADIVE.

Ce chien sauvage, à queue de renard et à museau de loup, n'est remarquable que par son extrême férocité ; car, appellerons-nous de l'instinct, le soin qu'il prend de se réunir en grand nombre, afin de commettre, avec impunité, ses dévastations et ses égorgemens. Il va presque toujours par troupe, à la suite des armées ; c'est le corbeau des quadrupèdes : dans les cimetières, il déterre les cadavres humains, et accompagne cette exhumation de cris plaintifs et funèbres.

Après cette description, croira-t-on volontiers à l'autorité de l'auteur d'une de nos anciennes chroniques, qui avance que, du temps de Charles IX, beaucoup de femmes, à la cour, avaient des adives au lieu de petits chiens.

L'ISATIS.

Si l'adive tient le milieu entre le chien et le loup, l'isatis est l'espèce intermédiaire entre le renard et le chien.

L'isatis ne se trouve guère que dans le nord : il habite les endroits les plus froids, les plus montueux de la Norwège, de la Laponie. Il passe cependant le moment le plus rigoureux dans des terriers étroits et profonds, qui offrent plusieurs issues, et qui sont toujours tenus dans la plus grande propreté. C'est dans cette retraite, et sur un lit de mousse soigneusement dressé, que la femelle allaite ses petits, et plus tard leur apporte à manger, ne les laissant s'éloigner d'elle et sortir, que lorsqu'elle est bien sûre de leurs forces.

L'isatis vit de rats, de lièvres et d'oiseaux, et aussi fin que le renard, il se jette à l'eau, et traverse les lacs pour s'emparer des œufs des canards et des oies : ennemi de tous les animaux plus faibles que lui, ou plus innocens il redoute à son tour le glouton, seul ennemi qu'il aye dans les lieux où la nature l'a placé.

LE GLOUTON.

L'isatis, sans le vouloir, devient assez souvent le pourvoyeur de cet autre animal; aussi vorace, aussi fin que lui, mais moins habile à la course, le glouton se traîne sur ses traces, et hâtant sa marche pesante, il arrive assez à temps pour lui faire abandonner sa proie, qu'il n'a plus après que le plaisir de dévorer.

Courageux, autant que sanguinaire, il règne en lion dans des contrées où il se trouve le plus fort, et ses morsures sont si cruelles, qu'il est peu de chiens qui acceptent une chasse contre lui. Il attaque surtout le castor, et parvient à pénétrer dans sa cabane, n'étant pas assez bon nageur pour le poursuivre dans les eaux. Aussi n'atteint-il ordinairement que ses petits, ayant grand soin de n'assiéger les habitations des castors, qu'à l'époque où les jeunes castors sont encore trop faibles pour trouver leur salut dans la fuite.

LES SINGES.

Sans avoir étudié aucune science naturelle, on conçoit aisément que l'homme, dont la mémoire n'est pour ainsi dire qu'une méthode,

III.ᵉ PL. — QUADRUPÈDES.

n'a pu décrire les individus si nombreux, que le globe porte à sa surface et dans son sein, sans les rapprocher par masses, seul moyen de les retrouver au besoin, et d'établir une classification, sans laquelle il est impossible qu'aucune science existe. Ainsi, l'homme a comparé plusieurs individus ensemble, ceux qui lui ont offert les différences les plus sensibles, les plus grandes singularités, et prenant chacun d'eux pour caractère d'une des classes qu'il voulait former, il l'a entouré de tous les êtres qui avaient avec lui des rapports de forme, d'organisation intime, ou d'habitudes. On conçoit que son œil inhabile à saisir les admirables combinaisons d'une nature immense, a dû plusieurs fois errer; et qu'à la création, les individus n'ont pas été ainsi formés, d'après une classification méthodique, et pour ainsi dire par familles; la puissance qui a tout fait de rien, n'avait point besoin de ce secours de nomenclature : les classifications sont de notre invention; ce sont des instrumens qui aident notre faiblesse, à peine susceptible de saisir des détails, incapable de comprendre le grand tout, dont nous faisons partie, et obligée de le diviser pour l'étudier : cependant il est dans chacun des règnes quelques familles qu'il serait difficile de ne pas croire rassemblées par la main même de la création. Trop de caractères sont communs aux individus qui les composent, pour qu'ils aient été seulement réunis par l'homme ; et, à leur égard, la classification devient si naturelle, qu'elle paraît avoir existé bien avant le jour où elle fut publiée par le naturaliste.

Qui ne sera frappé, par exemple, de la ressemblance qui existe entre tous les singes, et des caractères tranchés par lesquels ces animaux se distinguent au milieu de tous les autres. Mêmes habitudes, même disposition du poil, mêmes mouvemens, mêmes défauts ; ils sont un peu plus grands les uns que les autres, plus ou moins adroits, plus ou moins vifs ; mais ces nuances légères n'empêchent pas que si demain on en découvrait une nouvelle espèce, elle serait aussitôt reconnue pour appartenir au genre, et par les personnes les moins instruites.

Nous ne citerons pas ici tous les singes qui mériteraient, par leur rare intelligence, de prendre place dans la galerie que nous parcourons, et nous ne nous occuperons que de ceux qui offrent, au plus haut degré, les qualités ou les défauts de l'espèce, afin de ne point tomber continuellement dans les redites.

LE PONGO.

Ce singe, le plus grand de tous, est aussi appelé *orang - outang*, ou homme sauvage. *Laîné*, changeant l'adjectif, le nomma homme nocturne, et lui accorda presque toutes les prérogatives sur lesquelles l'homme se fonde pour prouver la supériorité de son essence, pour établir la ligne de démarcation qui le sépare de tous les autres animaux. Il prétend que la femelle d'un couple d'*orang - outangs*, qu'il eut occasion d'observer, semblait suscepti- ble de toutes les craintes de la pudeur, et qu'à l'aspect des hommes elle cachait de ses mains les parties nues, qui sont d'ordinaire dérobées à la vue : qu'elle pleurait dans le chagrin, gémissait, grondait après les contra- riétés, et ne semblait privée que de la pa- role. Quant au mâle, il ne se promenait que la nuit, et sifflait avec tant de variations, que l'on ne pouvait douter qu'il n'expliquât ainsi tout ce qu'il voulait dire à sa compagne. Que tous deux, d'ailleurs, marchaient debout sur leurs pieds de derrière, et se servaient de bâtons pour s'aider dans les chemins difficiles, et pour se défendre au besoin.

Cet homme nocturne est assurément le

pongo, et ce même singe, qui dans toutes ses proportions, au dire de *Battel*, est semblable à l'homme ; qui lui ressemble par la face, qui a le visage sans poil, et de longs cheveux sur les côtés de la tête ; enfin, qui semblerait appartenir à l'espèce humaine, si ses jambes offraient plus de mollet. Le pongo dort sur les arbres, mais plutôt encore dans des huttes qu'il bâtit lui-même, et sous lesquelles il se retire, pour se mettre à l'abri du soleil et de la pluie.

Lorsque les nègres font des feux dans les bois, les *pongos* viennent s'y asseoir, et loin d'avoir à redouter les nègres, ils voyagent parfois avec eux en compagnie : plus forts que dix hommes, ils vont avec courage à la rencontre de l'éléphant, et c'est avec une sorte d'autorité, qui ressemble un peu à celle avec laquelle nous traitons les animaux plus faibles, qu'il les chassent de leurs bois à coups de bâton.

Un *pongo* enleva un jour un petit nègre : après dix tentatives qu'il fit, dans l'espace de deux mois environ, il parvint enfin à ce rapt, et allant déposer son élève dans sa hutte, il lui prodigua tous les soins imaginables, et après un an d'habitation avec ce singulier hôte, le petit nègre rapporta qu'il n'avait cessé de ui témoigner l'amitié la plus vraie, la plus éprouvée, et qu'il prenait surtout soin de lui procurer une bonne nourriture. Les *pongos* enlèvent aussi parfois des femmes, et on cite également l'exemple d'une négresse, qui passa trois ans au milieu de ces animaux.

Notre but, en commençant cet ouvrage, et nous croyons ne pas nous en être écartés, était de consacrer de courts articles à chacun des animaux, qui, sans le secours de l'éducation, exécutaient quelque acte qui demandât le concours d'un instinct plus ou moins développé. Nous nous étions imposé la loi de ne point nous occuper de ces combinaisons, en apparence miraculeuses, qui rendent parfois surprenant l'animal domestique, et qui sont au reste le plus souvent mécaniques. Nous nous relâcherons de cette grande sévérité; et comme on peut juger de l'intelligence de l'animal sauvage, par le plus ou moins de facilité avec laquelle on parvient à l'instruire, nous placerons ici, par exemple, la description d'un singe fort bien instruit, que M. de Buffon eut l'occasion d'observer.

Cet *orang-outang* marchait toujours sur les deux pieds de derrière, et faisait usage des chaises comme l'homme, sachant comme lui s'étendre, se balancer étant assis, ou s'appro-

cher d'une table et y demeurer avec une parfaite tranquillité. Il présentait sa main pour
reconduire les personnes qui étaient venues le
visiter, et se promenait gravement avec elles,
suivant avec un œil attentif l'expression de la
figure de celle qui parlait. Il se servait de la
cuiller et de la fourchette, coupait son pain et
versait la boisson dans son verre ; il n'aimait
pas les liqueurs fortes, autant que le thé : quant
à cette infusion, il attendait qu'elle fût faite
pour y goûter, et n'oubliait pas de mettre du
sucre dans sa tasse. Il ne vécut à Paris qu'une
année, et mourut à Londres l'hiver suivant,
couché dans un lit, et la tête enveloppée d'un
mouchoir que lui-même s'était appliqué.

A bord des bâtimens qui les amenaient au
continent, des *orang-outangs* ont souvent mal-
traité les mousses qui ne leur servaient pas les
choses qu'ils avaient cru demander.

Dans la captivité, ils laissent paraître une
grande mélancolie, et, à la mort d'un *pongo*,
il n'est pas rare de voir sa femelle refuser toute
nourriture et mourir de chagrin.

A Java, les singes sont de véritables domestiques ; ils rincent les verres, tournent la broche
et vont à la fontaine avec les sceaux qu'ils tiennent avec leurs pattes de devant. Quand ils se
sont disputés pour prendre rang, et qu'ils ont

vidé leurs sceaux en se jetant l'eau qu'ils con-
tenaient sur le corps, ils reviennent à vide,
mais ils se cachent; car ils savent bien qu'un
fouet de poste est dans la main de leur instituteur, ordinairement le cuisinier ou le maître
d'hôtel.

LE PITHÈQUE.

Ce singe, plus petit que le précédent, plus
doux et beaucoup plus docile, est rempli d'esprit et de malice : « ils ont, *dit Marmol*, les
pieds, les mains et le visage de l'homme : ils
vivent d'herbes, de blé, et de toutes sortes de
fruits qu'ils vont en troupes dérober dans les
jardins; mais avant de sortir de leur fort, il y
en a un qui monte sur une éminence d'où il découvre toute la campagne, et quand il ne voit
paraître personne, il fait signe aux autres par
un cri pour les faire sortir, et ne bouge de
son poste tant qu'ils sont dehors; mais sitôt
qu'il voit venir quelqu'un, il jette de grands cris,
et sautant d'arbre en arbre, tous se sauvent
dans les montagnes : c'est une chose admirable
de les voir fuir; car les femelles portent sur
leur dos quatre ou cinq petits, et ne laissent
pas avec cela de faire de grands sauts de branche
en branche. Quoiqu'ils soient très-fins, on les

prend en grand nombre par diverses inventions, et pour peu qu'on les flatte ils s'apprivoisent aisément. Ils font grand tort aux blés et aux fruits, parce qu'ils coupent et jettent à terre tout ce qu'ils rencontrent, de manière qu'ils en perdent beaucoup plus qu'ils n'en mangent et n'en emportent. »

Le pithèque est parvenu à prononcer un cri, il faut tout dire, un mot bien articulé, où se trouve la consonnance de la voyelle et de la consonne, et qu'on peut rendre par ces deux syllabes *chin-chin* : il est de remarque qu'il ne le prononce que pour avertir ses pareils d'un événement heureux, comme la découverte d'un sac de graines ; c'est un signal de prospérité auquel toute la colonie accourt. Il le prononce encore à la vue des liqueurs fortes et enivrantes dont ces singes sont très-friands, et que les chasseurs leur offrent en appât : ils les boivent avec une extrême avidité et finissent par s'endormir ; c'est alors qu'on les attache pour tenter de les apprivoiser à leur réveil.

Le papin ou babouin, autre espèce de singe, ne s'entend pas moins bien que le pithèque à dévaster les jardins. Il convoque une bande de pillards et chacun prend place, sur une file et par échelons, de manière que celui placé à une extrémité, cueille les fruits de l'arbre, et qu'il les fait ensuite passer de main en main jusqu'au dernier, qui les dépose dans un lieu secret où ils vont tous partager leur butin. Ils sont surtout très-friands de melons, et se les jettent ainsi l'un à l'autre avec une extrême adresse et une célérité incroyable.

LE MACAQUE ET L'AIGRETTE.

Le macaque et l'aigrette, aussi habiles que l'espèce précédente dans la dévastation des jardins, ont surtout un goût très-prononcé pour les tiges de *milhio* : on a vu ces singes emporter de cette plante dans leur bouche et sous chacune de leurs pattes de devant, de manière qu'ils sont obligés de marcher sur les pattes de derrière : aussi, lorsqu'ils sont poursuivis, la course leur devenant difficile, ils abandonnent les pieds de *milhio* afin de se servir de leurs quatre pattes : leur délicatesse dans le choix des plantes qu'ils arrachent cause plus de dommage que leurs vols, car ils rejettent six pieds avant d'en trouver un à leur goût : on leur fait la guerre et même on les sacrifie à la sûreté des habitations.

LE PATAS OU BANDEAU NOIR.

Le patas, appellé encore *bandeau noir*, à cause
d'une ligne de poils noirs qui passe au-dessus
de ses yeux et s'étend d'une de ses oreilles à
l'autre, est, parmi le genre de singes désignés
sous le nom de *guenons*, un des plus intelligens.
Voici ce qu'en rapporte *Bruc*, dans la relation
qu'il a fournie à l'Histoire générale des Voyages. « Je les ai vues, dit-il, descendre du haut
» des arbres jusqu'à l'extrémité des branches,
» pour admirer les barques à leur passage; elles
» les considéraient quelque temps, et parais-
» sant s'entretenir de ce qu'elles avaient vu, elles
» abandonnaient la place à celles qui arrivaient
» après : quelques-unes devinrent familières
» jusqu'à jeter des branches aux Français,
» qui leur répondirent à coups de fusil. Il en
» tomba quelques-unes, d'autres demeurèrent
» blessées, et le reste parut plongé dans une
» étrange consternation; une partie se mit à
» pousser de cris affreux, une autre à ramasser
» des pierres pour les jeter à leurs ennemis;
» quelques-unes se vidèrent le ventre dans leurs
» mains et s'efforcèrent d'envoyer ce présent à
» leurs adversaires; mais à la fin, s'apercevant
» que le combat était inégal, elles prirent le
» parti de se retirer. »

L'OUARINE.

Les singes ont avec l'homme les plus grands rapports. Si l'on rapproche les différens faits que chaque espèce de ces animaux a offerts à la curiosité, l'ouarine est peut-être un de ceux qui, dans ce cas, fournirait le plus à la partie du chapitre composée d'après cette donnée; on verrait ce singe présenter l'exemple remarquable de nos réunions humaines : à certaines époques, au plus épais du bois, les *ouarines* se rassemblent en masse, puis se disposent en cercle autour d'un orateur, qui seul tient la parole, et au milieu d'un très-grand silence, fait parfois d'assez longs discours : ce n'est qu'après que ce président leur a fait un signe de la main, que l'assemblée est dissoute et qu'on se sépare.

Les *ouarines* font plus encore : lorsqu'ils sont chassés, ils secourent celui d'entre eux qui est atteint par le plomb : ils l'environnent et plongent leurs doigts dans la blessure, comme pour en sonder la profondeur, tandis que de plus empressés ont été chercher des feuilles d'arbre qu'ils plongent dans la plaie, comme pour arrêter l'afflux du sang.

L'ouarine femelle, qui souvent n'a qu'un enfant comme la femme, le porte, comme les négresses, sur le dos, et lui présente la mamelle en le tenant devant elle et dans ses bras ; elle a aussi l'habitude de le bercer au premier cri. Quand elle porte deux petits, elle n'est pas moins prodigue de soins, l'un est sur son dos pendant la marche, et l'autre sous son bras.

LE MALBROUCK.

Le malbrouck vient compléter le tableau. Il est aussi adroit que les autres espèces à piller les propriétés, et dirigeant surtout ses dispositions vers les cannes à sucre, il cause des pertes plus considérables au cultivateur, que la plupart des autres singes. Il place une sentinelle pendant ses expéditions, qui a soin d'avertir, à haute et intelligible voix la troupe, de l'approche de l'ennemi. *Houp ! houp !* est le cri de ralliement et le signal de retraite. Quand les fruits manquent ou sont trop bien gardés, ils se rendent sur le bord des eaux et se servent pour attraper les crabes, d'un moyen tout-à-fait ingénieux. Au moment où le coquillage ouvre ses serres, il y passe sa queue, et fuyant rapidement dès qu'il la sent serrée, il entraîne après lui sa proie, qu'il arrache ensuite de sa coquille à l'aide d'un gros caillou : très-avide de la liqueur de noix de coco, on se sert de ce goût pour s'emparer de lui : on pratique à cet effet, une petite ouverture à la noix ; il y introduit sa patte, mais avec tant de peine, que le chasseur survenant tout à coup, il n'a point le temps de se débarrasser du piége.

Le singe a tant de rapports avec l'homme, que les bramans qui habitent dans une partie de l'Inde, ont conçu pour cet animal un respect qui met sa vie à l'abri de tout danger. Aussi, ils sont dans ces provinces en nombre considérable, et les marchands de comestibles ont une peine incroyable à préserver leurs marchandises de ces parasites, que l'opinion publique les force de recevoir avec quelques ménagemens. A des jours convenus, toutes les terrasses des maisons ont des tables sur lesquelles le millet, le riz et les cannes à sucre sont déposés pour les singes; et bien prend aux habitans d'être exacts, car la moindre négligence les expose à voir leur toiture découverte par ces hôtes, qui ne laissent pas d'être incommodes, et qui usent très-librement du droit de faire des emprunts forcés.

Enfin, dans Amadabad, capitale du Guzarate, sont établis des hôpitaux dans lesquels on reçoit les singes invalides, estropiés, accablés d'âge et même les singes vagabonds.

4**

LE LAPIN.

Lafontaine, presque aussi grand observateur de la nature que la plupart des naturalistes, et plus philosophe que quelques-uns d'entre eux, a remarqué les mœurs douces du lapin : il en fait un *bon homme*, pour nous servir d'une de ses manières de parler, et *janot lapin* n'est point chez lui dépourvu de jugement, quoique parfois représenté comme trop confiant et trop crédule : enfin, il est peint dans Lafontaine, avec cette vérité qui accompagne une sévère observation.

Le soin que le lapin prend de ses petits, donne déjà d'avance sur son moral des garanties plus que suffisantes. Prête à mettre bas, la femelle creuse un nouveau terrier en zig-zag, précaution nouvelle que la conservation de sa progéniture semble lui révéler : elle fait plus, mère tendre et généreuse, elle s'arrache, en grande partie, les poils qui lui couvrent le ventre, pour en faire une espèce de lit pour ses petits. Une fois qu'elle a mis bas elle ne sort plus, et se nourrit des provisions qu'elle a amassées pour faire ses couches. Ce n'est que lorsque ses petits sont assez forts pour se nourrir des herbes qui environnent leur demeure, qu'elle les laisse s'approcher

de l'ouverture du terrier : auparavant elle n'en
sort point qu'elle n'en bouche l'entrée avec de
la terre détrempée dans son urine, et que, pour
plus de sûreté encore , elle ne couvre ce mur
factice , d'herbes et de broussailles. Quand les
petits deviennent assez forts pour marcher , le
père, qui s'est tenu éloigné pendant leur allai-
tement, se charge à son tour de leur éducation : il les lèche tour à tour , les conduit en les
prenant entre ses pattes, les aide et les défend.
Alors sa femelle lui prodigue mille caresses ,
comme si elle voulait le payer de ses soins ,
comme si elle était heureuse du bien que ses
enfans reçoivent de leur père.

Peut-être venons-nous d'employer quelque
mot impropre , mais comment se rappeler
qu'il n'est ici question que d'animaux , de ces
êtres auxquels nous avons beaucoup de peine
à accorder de l'instinct et ne pas se méprendre
sur l'expression , quand il y a d'ailleurs tant de
rapprochement dans les idées.

Un gentilhomme, ami de M. de Buffon , qui ,
sans en avoir la prétention, concourut pour quelques lignes à l'immortel ouvrage de cet écrivain-
naturaliste , en lui adressant une longue lettre
sur la vie habituelle de ses lapins domestiques ,
s'exprime en ces termes dans un passage de sa
correspondance : « La paternité chez ces ani-

maux est très-respectée ; j'en juge ainsi par la grande déférence que mes lapins ont eue pour leur premier père : la famille avait beau s'augmenter, ceux qui devenaient pères à leur tour lui étaient toujours subordonnés. Dès qu'ils se battaient, soit pour se disputer la nourriture ou pour tout autre motif, le grand-père qui entendait du bruit accourait de toute sa force , et dès qu'on l'apercevait tout rentrait dans l'ordre ; car s'il en attrapait quelques-uns aux prises , il en faisait sur-le-champ un exemple de punition. Une autre preuve de sa domination, sur toute sa postérité , c'est que les ayant acoutumés à rentrer tous à un coup de sifflet, lorsque je donnais le signal, je voyais le grand-père se mettre à leur tête , et, quoique arrivé le premier, les laisser tous défiler devant lui , et ne rentrer que le dernier.... »

Quand on lit toutes ces choses, si l'on se persuade que les historiens du lapin n'ont pas été trop favorablement prévenus à son égard, par un excès de sensibilité, on s'intéresse à cet animal ; on voudrait, en certains cas, le donner pour exemple à certaines familles.

LE CERF.

Parmi nos lecteurs, il en est sans doute qui, sous les arbres majestueux de la forêt de Saint-Germain, auront, au fond d'une trouée, aperçu le cerf se promenant avec majesté dans la solitude qu'il embellit, et suivi par ses biches auxquelles il semble commander : c'est un prince de la forêt qui parcourt avec dignité son domaine, c'est un sultan qui se plaît à voir à sa suite ses favorites; mais qui doit ses amours, non à sa force, mais à sa beauté. L'homme aurait dû épargner cet animal plein de grâces et d'innocence, qui pleure sa mort après avoir courageusement défendu sa vie; mais l'homme n'a rien de respectable quand son intérêt l'ordonne, rien de sacré quand il doit se procurer un plaisir, et c'est agréable pour un chasseur que de poursuivre le cerf. Il faut un appareil nombreux, bruyant; des piqueurs, des meutes tout entières et bien dressées, des chevaux, une attaque bien combinée et bien soutenue; c'est un plaisir de prince !

Et ce n'est qu'à cette inimitié que l'homme a portée à tous les animaux que le cerf doit son intelligence, son industrie enfin, et le peu de mots que nous lui consacrons dans cet ouvrage. Le cerf a l'oreille très-délicate, et de loin entend le pas des chevaux et le bruit du chasseur. Alors il paraît se réveiller, et de suite il exécute des marches, des contre-marches de manière à interrompre la suite des impressions que ses pieds font sur le sable, et à tromper les chiens, à les *rompre*, en terme de vénerie. Lorsqu'il est ainsi parvenu, par plusieurs sauts, plusieurs bonds, à faire de sa trace un inextricable labyrinthe, il s'échappe et va se reposer sous un taillis jusqu'à ce que les chasseurs découvrent sa retraite ; alors, s'il est près d'un fleuve et que les chiens le poursuivent, il s'y précipite et le traverse à la nage. Mais, comme le dit l'abbé Delille, dans ses *Géorgiques françaises :*

> De la terre infidèle. il s'élance dans l'onde ,
> Et change d'élément, sans changer de destin.

Obligé de défendre sa vie, il devient furieux, et beaucoup de chiens sont avant lui frappés de la mort dont ils le menacent.

On assure que les vieux cerfs, lorsqu'ils sont depuis quelque temps poursuivis, se rendent vers la demeure du cerf le plus voisin, et que celui-ci se lance à leur place, et entraîne les chasseurs sur ses pas.

Le daim possède les mêmes qualités que le cerf, mais, d'une existence moins calme, il se livre parfois avec les siens des guerres à mort : le motif du combat, le prix de la lutte est le plus souvent un parc. Les daims se divisent en deux bandes. Ils se choisissent un chef et des sous-chefs, dont ils paraissent suivre l'impulsion, et l'affaire s'engage tous les jours jusqu'à ce que l'une des deux bandes ait abandonné à l'autre tous ses avantages, et la jouissance du lieu, cause première du débat.

Le chevreuil présente avec le cerf de très-grands points d'analogie : ce sont les mêmes ruses, le même courage, les mêmes habitudes. Pleins d'une activité remarquable, il leur faut beaucoup d'air, beaucoup d'espace.

LE CARACAL.

Cet animal, qui offre beaucoup de points de contact avec notre chat, et dans sa conformation et dans son caractère, est assez commun en Arabie : il fait preuve de tact en accompagnant les bêtes carnassières des contrées qu'il habite ; car, trop faible pour combattre sa proie, il se contente des débris de leur table ; et, pour mériter en quelque sorte la part des dépouilles que celles-ci ne manquent point de lui laisser, il chasse devant elles, et, doué d'un odorat très-délicat, il les guide avec une adresse digne en effet de sa récompense. Le caracal est de la grandeur du renard, le plus souvent noir. Il a le train de derrière très-musculeux et les oreilles extrêmement aiguës et terminées par une mèche de poil.

Il fait encore preuve d'instinct en ne suivant jamais la panthère qui, sanguinaire par nature, le sacrifierait après s'être rassasiée des victimes qu'il lui aurait fournies. Il a plus de confiance dans le lion, encore ne se laisse-t-il approcher par ce roi des forêts qu'après qu'il a bien dîné. Auparavant il s'élance sur les arbres, et ne s'entend avec lui qu'à une certaine distance. C'est une leçon qu'il offre aux courtisans, qui ne doivent approcher les rois qu'après avoir étudié dans quel état d'esprit se trouvent leurs majestés.

Le caracal, qui peut, après une lutte opiniâtre, mettre à mort un chien de grande taille et se défendant de toutes ses forces, n'en est pas moins d'une lâcheté de laquelle le succès même d'un combat ne parvient pas à le guérir. Aussi lorsqu'on parvient, avec assez de peine d'ailleurs, à l'apprivoiser, on ne peut le faire servir à la chasse qu'en ayant soin de ne l'op-

poser qu'à des animaux beaucoup plus faibles
que lui ; autrement il se dégoûte, et même,
contre son instinct, il refuse de quêter. On ne
s'en sert guère, dans les Indes, que pour chasser
le lièvre et le lapin.

L'ANE.

L'homme ne juge que par analogie et par
contraste ; il lui faut un de ces deux guides,
une comparaison enfin, ou sans cela il lui devient impossible de se faire une idée juste des
choses en elles-mêmes les plus simples. Il faut
attribuer à cette imperfection de notre nature,
le mépris que nous faisons de l'âne ; parce que
nous le comparons au cheval, et qu'oubliant
qu'il est âne et qu'il possède comme tel toutes
les qualités de son espèce, nous nous obsti-
nons à lui demander la figure et les grâces du
cheval, qui lui manquent, et qu'il ne doit point
avoir.

Buffon et Sterne, tous deux observateurs
et tous deux philosophes, sont les seuls écrivains qui aient rendu à cet animal la justice
qui lui est due : nous aussi, nous lui acorderons
un grain d'encens, dédommagement bien
faible en comparaison des maléfices dont il est
tous les jours accablé. Nous l'aurons au moins

placé parmi les êtres les plus intelligens du
règne animal, et nous aurons transcrit le passage de l'Histoire Naturelle où M. de Buffon
venge l'âne des injures attachées de tout temps
à son nom.

« L'âne, dit-il, est de son naturel aussi
humble, aussi patient, aussi tranquille que
le cheval est fier, ardent et impétueux; il souffre avec constance, et peut-être avec courage, les châtimens et les coups; il est sobre,
et sur la quantité et sur la qualité de la
nourriture; il se contente des herbes les plus
dures, les plus désagréables, que le cheval et
les autres animaux lui laissent et dédaignent;
il est fort délicat sur l'eau, il ne veut boire que
de la plus claire, et aux ruisseaux qui lui sont
connus : comme on ne prend point la peine de
l'étriller, il se roule sur le gazon, sur les char-
dons, sur la fougère, et semble par-là repro-
cher à son maître le peu de soin que l'on
prend de lui; car il ne se vautre point, comme
le cheval, dans la fange et dans l'eau, il craint
même de se mouiller les pieds, et se détourne
pour éviter la boue; il est susceptible d'éducation, et on en a vu d'assez bien dressés, pour
faire curiosité de spectacle. »

Par ce portrait, qui certes n'est pas flatté,
on est conduit à s'intéresser à cet animal, dont

le nom est presque toujours employé comme une offense ; on est étonné que le vulgaire n'ait point vu comme le naturaliste, et l'on se réconcilie avec le plus utile de nos animaux domestiques. On conçoit même comment *Sterne* a pu consacrer à l'âne un chapitre tout entier, dans son *Voyage Sentimental :* rien cependant n'est plus naturel que la conversation qu'il établit avec l'âne de son laitier.

« Je recevais, dit-il, le dernier adieu de M. Leblanc, quand me voilà arrêté à la porte. C'était par un pauvre âne qui y entrait, avec une couple de larges paniers sur le dos, pour quêter humblement des têtes de navets, et des feuilles de choux.

» Non, c'est un animal que je ne battrai jamais, fussé-je de la plus mauvaise humeur du monde : la patience et la résignation, dans les souffrances, sont si affectueusement écrites dans ses regards et dans son maintien ; son humilité plaide si fort pour lui, qu'il me désarme, au point que je ne sais pas même lui parler incivilement. Soit que je le rencontre à la ville ou à la campagne, à la charrette ou sous le faix, en liberté ou dans l'esclavage, j'ai toujours quelque chose d'honnête à lui dire ; et comme un mot en engendre un autre, pour peu qu'il n'ait pas plus affaire que moi, je commence avec lui une conversation suivie.

» En vérité, de tous les êtres qui sont au-dessous de moi, il est le seul avec lequel je converse ; car, pour les perroquets, les geais et les singes, je ne sais pas échanger avec eux la moindre idée : ils agissent, comme les autres parlent, par routine, et je leur parlerais, que je ne serais point compris.

» Mon chien même et mon chat, quoique je les estime fort tous deux, et que mon chien parlât, s'il le pouvait, ne possèdent pas les charmes de la conversation. Je ne puis la pousser avec eux au delà de la proposition, la réponse et la réplique.

» Mais avec un âne, je parlerais toujours :

» Viens, honnêteté, lui dis-je, en voyant que je ne pouvais passer entre la porte et lui. Entres-tu, mon ami? ou sors-tu? — L'âne tourna tristement la tête, et regarda dans la rue. — Bon, répliquai-je, nous attendrons une minute ton conducteur? — Il retourna sa tête tristement du côté opposé. — Je t'entends parfaitement : si tu faisais une fausse démarche, il t'assommerait de coups. — Il mangeait une tige d'artichaut, et la nature combattant chez lui, entre la faim et l'amertume de ce mets, il la laissa tomber six fois, et six fois la reprit. — Que Dieu t'aide,

pauvre animal!.... Ton déjeuner est bien amer,
tes jours le sont bien autant; les coups que l'on
te donne pour tes gages, le sont encore plus :
tout, oui, tout ce qui est vie pour les autres
est amertume pour toi. — Il regardait l'artichaut, qu'il avait laissé tomber pour la dernière fois. — Et tu n'as pas un ami dans le
monde, qui te donnât un macaron. Je sortis
de ma poche le sac qui contenait ceux que
j'avais achetés, et je lui en donnai un. Quand
il eut achevé de le manger, je le pressai d'entrer. Il était pesamment chargé ; ses jambes
tremblaient sous lui; il aimait mieux s'en aller, et comme je le prenais par le licol, il
me resta aux doigts. — Alors il me regarda
d'un air triste et soumis..... Ne m'en frappez
pas, ne m'en battez pas, me disait-il; mais,
si vous voulez le faire, vous le pouvez. — Si je
le fais, m'écriai-je, que je sois damné! »

   Il y a, dans ce dialogue, autre chose que de
l'originalité, et l'homme le plus froid, tout en
remarquant l'exagération qui y règne, ne peut
s'empêcher d'être ému.

DES OISEAUX.

Sans tenir compte, dans ces notions préliminaires, de la différence qui existe chez les oiseaux, par rapport à leurs alimens, nous ne chercherons, comme nous l'avons fait dans notre avant-propos sur les quadrupèdes, qu'à rassembler quelques idées exactes sur l'état des sens chez l'oiseau; et, par conséquent, sur les moyens qu'il a de mettre en jeu son industrie, son intelligence. C'est le seul moyen de rattacher ces chapitres au corps de l'ouvrage par un lien commun. La classe des oiseaux devrait être la plus industrieuse de toutes celles du règne animal; c'est en effet la plus favorisée, et si quelques insectes semblent aussi privilégiés par le Créateur, que les oiseaux qui le sont le plus, il faut considérer que leur organisation générale est beaucoup plus faible, et que leur vie est beaucoup plus exposée : ainsi l'oiseau restera, après l'homme, l'enfant gâté de la nature.

IV.ᵉ PL._ OISEAUX.

Sa vue est servie par des yeux d'une grande dimension, protégés par une paupière mobile, et assez forte pour le garantir des corps qu'il rencontre dans l'air : des nerfs optiques (1), aussi délicats qu'ils sont actifs, reçoivent les impressions des corps à de très-grandes distances, et les communiquent au cerveau, avec une netteté et une précision admirables. Le pigeon découvre de très-loin le clocher du village où il fut élevé, et de son aile rapide il rejoint son berceau : on voit aussi des oiseaux de proie planer à une hauteur très-élevée au-dessus de leur victime, puis tomber en ligne droite ; mais après avoir pris leurs dimensions avec tant de justesse, que, sous leurs ailes, ils arrêtent l'animal qu'ils conviaient à travers un espace de plusieurs toises. L'oiseau a une idée plus exacte que le quadrupède, des distances ; c'est à la force, à l'acuité de ses yeux, qu'il en est redevable.

Le sens de l'odorat est beaucoup moins développé que celui de la vue chez les oiseaux : il en est même qui n'ont pas d'ouverture extérieure pour recevoir les particules odorantes

____

(1) Nerfs, qui, frappés par la forme et la couleur des corps, en communiquent une image fidèle au cerveau.

qui s'échappent des corps, et bien qu'on ait vanté l'odorat du vautour, du corbeau, ils sont de ce côté bien inférieurs au renard et au chien. En revanche, l'oiseau possède l'ouie plus développée que le quadrupède : on en sera convaincu dès qu'on se rappellera avec quelle incroyable facilité il retient les sons qu'il n'entendit prononcer qu'une seule fois, avec quel souvenir exact il les répète ; on voit combien l'oiseau est sûr de son oreille, par le plaisir qu'il prend continuellement à chanter. Il chante le réveil du printemps ; il chante ses combats, ses triomphes et ses amours. Le rossignol enchante le bocage, et, ce qui est à remarquer, c'est qu'il lui est plus facile qu'à l'homme de remplir de sa voix une étendue donnée de terrain ; et cependant, quelle différence entre ses poumons et ceux de l'homme, entre l'exiguité de son gosier, et la capacité du nôtre ; mais, s'il est plus petit, il est en revanche plus sonore. En général, la nature accorda aux oiseaux une voix très-forte, en raison du peu de volume de leurs corps.

Les ailes des oiseaux sont mises en jeu et soutenues dans leur extension, par des muscles d'une grande force, et qui peuvent en même temps agir avec une vitesse extrême de mouvemens, et maintenir l'aile étendue et immobile, ce qui aide l'animal à planer. Plus les ailes et la queue sont longues dans l'oiseau, et plus on conçoit que son vol doit être facile; et, par la raison contraire, plus le corps a de volume, comparativement aux dimensions des ailes et de la queue, et plus le vol est lourd et pénible.

Il est bien des actes que le quadrupède ne peut exécuter que dans un état de repos, que dans une sorte de contrainte de tout son corps, et que l'oiseau remplit avec une extrême aisance au milieu de l'air, et dans le moment même où il trace les courbes les plus brillantes, où il entortille les tourbillons les plus rapides. Il chasse et chante en volant.

L'homme est moins puissant par rapport aux oiseaux, que par rapport aux quadrupèdes; il a plus de peine et presque une impossibilité insurmontable à se mettre en relation avec eux. Il n'y a pas, à bien dire, d'oiseaux domestiques, dans l'acception rigoureuse de ce mot; ce sont des oiseaux prisonniers qui peuplent nos basses-cours, qui habitent nos salons. Le serin, le plus privé de tous, répète les chants que nous lui apprenons sans avoir l'air de les comprendre; et c'est moins pour nous prouver sa reconnaissance ou son attachement qu'il chante, que très-machinalement ou pour

charmer son ennui. Le chien aboie différem-
ment dans des situations différentes ; il nous
parle : l'oiseau a un cri monotone, et qui ne
devient un peu significatif que dans une grande
frayeur ; alors il est criard.

L'action de l'homme sur les oiseaux n'est
remarquable qu'en ce que leur servitude semble
altérer la couleur de leur plumage, et que les
espèces sauvages sont toujours couvertes de
robes plus brillantes que celles que nous avons
privées ; mais ce n'est pas sa volonté qui produit ce changement qui s'opère sans sa par-
ticipation, et d'ailleurs quel bénéfice en peut-il
retirer ?

Nous avons déjà vu par quels ressorts puis-
sans les ailes étaient mises en jeu, et on ne
sera que médiocrement étonné de voir rappor-
tées ici quelques citations que Buffon a faites
comme preuves de la promptitude avec laquelle l'oiseau traverse des espaces immenses.

« Le chameau, dit Buffon, peut faire trois
cents lieues en huit jours ; le cheval élevé pour
la course et choisi parmi les plus légers et les
plus vigoureux pourra faire une lieue en six
ou sept minutes ; mais bientôt sa vitesse se
ralentit, et il serait incapable de fournir une
carrière un peu longue, qu'il aurait entreprise
avec cette rapidité. Un Anglais fit en onze

heures trente-deux minutes soixante-douze
lieues, en changeant vingt-une fois de cheval :
or, la vitesse des oiseaux est bien plus grande,
car en moins de trois minutes on perd de vue
un gros oiseau, un milan qui s'éloigne, un aigle
qui s'élève, et cela suppose que ces oiseaux
parcourent plus de sept cent cinquante toises
par minute ; ce qui fait vingt lieues dans une
heure, et deux cents lieues en dix heures de
vol... M. Adanson a vu et tenu, au Sénégal, des
hirondelles arrivées le 9 octobre, c'est-à-dire
huit ou neuf jours après leur départ d'Europe.
On connaît l'histoire du faucon de Henri II,
qui, s'étant emporté après une *canepétière*, à
Fontainebleau, fut pris le lendemain à Malte,
et reconnu à l'anneau qu'il portait : on peut, je
crois, conclure de la combinaison de tous ces
faits, qu'un oiseau de haut vol peut parcourir
chaque jour quatre ou cinq fois plus de chemin
que le quadrupède le plus agile. »

Si nous rassemblons sous un seul point de
vue tout ce que nous venons de dire, nous
trouverons que l'oiseau n'a d'idées qu'en raison
des objets qu'il aperçoit, et que son œil est la
cause de presque toutes ses sensations et par
conséquent de presque tous ses mouvemens ;
qu'il porte dans son cerveau une carte géographique fidèle des lieux qu'il a parcourus, et

que cette certitude de suivre une route connue
et fixe peut entrer parmi les causes détermi-
nantes de ses émigrations et de ses fréquentes
promenades ; qu'il monte l'organe de la voix
comme un instrument, et le modifie plutôt
d'après les sensations que son oreille a éprou-
vées, que d'après ses sensations intérieures,
surtout quand il est réduit à l'état de domesticité ; enfin que pouvant, par la vélocité de
son vol, se soustraire à la main de l'homme,
il a dû conserver des habitudes sauvages et
une indépendance aussi contraire à nos jouissances, à notre domination, que propice pour
sa félicité.

L'AIGLE.

Le grand aigle est digne de la prééminence
qu'il acquiert sur les oiseaux par la force ; il le
justifie par les qualités les plus brillantes. Il
donne aux oiseaux sur lesquels il semble régner
l'exemple du courage, de la noblesse et de la
tempérance. Courageux, il sait se mesurer avec
les ennemis les plus forts, et sa magnanimité
le porte, comme le lion, à dédaigner des adversaires qui ne peuvent, sans une ruine certaine,
s'exposer à ses coups ; noble, il regarde le soleil
d'un œil fixe, et ne peut endurer la servitude,

sous quelque forme qu'on la lui présente. Tempérant, il ne se repaît point des victimes qu'il a immolées, et les animaux voisins de sa demeure vivent des débris de ses chasses.

L'aigle, roi des habitans de l'air, donne encore à son peuple l'exemple non moins grand de l'attachement conjugal et de l'amour paternel : assidu auprès de sa compagne, il semble prévoir de loin l'époque à laquelle elle déposera ses œufs, et il lui construit un nid vaste et assez solide pour lui servir toute sa vie : c'est entre deux rochers qu'il place ordinairement les pièces de bois qui servent de point d'appui au plancher ou *aire* qui doit le recevoir, lui et sa famille. Des perches, des bâtons de cinq ou six pieds de longueur s'entrelacent sur ces solivaux au moyen de branches souples, et recouverts de plusieurs couches de jonc et de bruyère ils forment un parquet assez solide pour recevoir l'aigle, tous les siens, et même encore une quantité assez considérable de vivres. C'est au milieu de cet aire que l'aigle femelle dépose ses œufs, et alors elle devient pour le mâle l'objet de la plus vive sollicitude : il serait dangereux de l'attaquer dans ce moment, et peu de chercheurs de nids pourraient se flatter d'avoir été enlever les siens. La colère de l'aigle est terrible quand il défend son aiglon, et la nature lui a donné la force, comme à la fauvette la ruse, afin que tous deux se sacrifiassent pour leurs petits.

Ces travaux de l'aigle architecte étonneront moins quand on saura que jamais cet oiseau n'enlève une proie qu'il n'essaie auparavant quel peut en être le poids, et qu'après l'avoir ainsi enlevée de terre une première fois, il ne l'y dépose, afin de calculer en même temps et la pesanteur et la longueur du chemin qu'il lui faut faire, et ses forces. Par un effet de cette même intelligence, il choisit de préférence, en disposant les premiers bâtons de son *aire*, l'endroit où le rocher offre une partie avancée qui protège son lit contre les accidens, contre les tempêtes et lui devient une toiture.

LE PYGARGUE.

Le *pygargue* a beaucoup de rapports avec l'aigle ; mais, plus facile à apprivoiser, il ne craint pas autant le contact des hommes, et c'est toujours auprès des habitations qu'il établit son domicile : son aire, moins solidement tressé que celui de l'aigle, n'est abrité que par le feuillage et composé de lits alternativement de bruyère et d'autres herbes. C'est dans chacune de ces cellules qu'il établit un de ses petits ; il a pour tous un égal dévouement, et après leur avoir donné ses soins, il les emmène à la chasse : lors de la plus petite querelle, il les oblige à s'éloigner, mais après s'être assuré qu'ils sont assez forts pour se passer de tout secours.

LE CONDOR.

Le *condor*, espèce de vautour qui, par sa force et par son industrie à construire son nid, est devenu un objet de curiosité pour les voyageurs, est l'effroi des paysans de l'Allemagne. Ils vont dans les églises, où sont ses dépouilles, raconter les vols qu'il leur a faits ; et il n'est pas rare de les entendre regretter plusieurs moutons et même plusieurs veaux. Le condor a des jambes aussi fortes que celles du lion et sept aunes d'envergure, les ailes étendues : il construit son nid sur les arbres, mais il a besoin qu'il soit de très-grande dimension, et afin de le rendre plus étendu, il choisit plusieurs arbres assez peu distans les uns des autres. C'est en unissant leurs branches ensemble, en posant sur chaque tronc les bouts des perches dont il a fait magasin, qu'il parvient à achever un nid sous lequel tout un charriot remisé serait à

l'abri des pluies même les plus abondantes.
On ne sait, lorsqu'on examine avec attention
le nid du condor, ce que l'on doit le plus
admirer des dimensions, de l'adresse ou de la
solidité du travail.

LE SOLITAIRE.

Le soin que prennent la plupart des oiseaux
de construire leurs nids et l'incubation nécessaire au développement de leurs petits sont
autant de conditions de leur existence qu'ils
ne sauraient remplir sans être bientôt conduits
envers leur progéniture à un véritable attachement. Aussi voyons-nous beaucoup d'entre
eux se sacrifier pour sauver la vie à leur couvée, et d'autres, dans un accès de délire, tuer
toute leur lignée lorsqu'il leur est arrivé, par
accident, d'étouffer un de ces petits, que la
mère échauffe de ses ailes, et auxquels le père
apporte si assidûment et le duvet le plus
soyeux, et l'aliment le plus facile à digérer.

Le solitaire est parmi les oiseaux, un de
ces modèles des vertus domestiques dont
nous faisons ici l'éloge. Pendant tout le temps
de l'incubation et même de l'éducation il ne
souffre aucun oiseau de deux cents pas à la
ronde, fût-il de son espèce. Il cherche les

lieux écartés, afin que son nid, qu'il forme avec beaucoup d'art de feuilles de palmier ne soit exposé à aucun danger. Le mâle partage avec la femelle la fonction de couver. Cette opération est de sept semaines environ, après quoi il faut encore pendant plusieurs mois qu'ils pourvoient à tous les besoins du jeune solitaire : quand l'éducation de celui-ci est achevée, le père et la mère n'en restent pas moins attachés l'un à l'autre ; au milieu des réunions les plus nombreuses des oiseaux de leur espèce, et comme si les soins qu'ils ont partagés leur étaient devenus un lien, ils restent réunis et fidèles jusqu'à une nouvelle ponte.

Le solitaire offre cela de remarquable, que la femelle a deux touffes blanches des deux côtés de la poitrine, qui sont formées par des plumes renflées, et qui pourraient, jusqu'à un certain point, ressembler aux seins de la femme : le mâle, avec l'aileron, exécute une espèce de moulinet qui, pendant quelques minutes, produit un bruit semblable à celui d'une crécelle. C'est, dit-on, ainsi qu'il appelle sa compagne dès qu'il commence à s'inquiéter de sa trop longue absence.

LE TOUYOU.

Le touyou fournira un argument sans réplique à celui qui soutiendra, contre l'amour-propre de l'homme, la cause des *animaux pensans*, et qui voudra voir dans la plupart de ces êtres que nous ravalons au rang des corps inanimés, autre chose qu'une mécanique organisée, un instinct, et peut-être une intelligence moins parfaite, mais émanée d'une même source que la nôtre.

Le touyou, lorsqu'il couve, a soin de laisser deux œufs de la couvée hors le nid et exposés à l'impulsion de l'air : ces deux œufs sont gâtés lorsque les petits sont près d'éclore ; alors le touyou en casse un avec son bec, de manière à ce qu'il attire en grande quantité les mouches, les scarabées, qui lui servent à nourrir ses petits ; il réserve toujours le second, et ne l'emploie au même usage que lorsque le premier, entièrement détruit, n'offre plus aux insectes un appât suffisant. Certes, voilà de la prévoyance, une combinaison bien suivie, et l'instinct avec autant de perfection, laisse loin derrière lui l'esprit faible et grossier de quelques hommes qui, au milieu des distractions du jour, oublient les besoins du lendemain.

Le *touyou* est ainsi nommé à cause de son cri, qui semble la prononciation continuelle de ces deux syllabes. C'est un genre très-voisin de l'autruche : on trouve le touyou sur la côte qui borde le détroit de Magellan, au septentrion. Les plus vieux ont jusqu'à six pieds de haut : leur tête a la plus grande ressemblance avec celle de l'autruche, et comme elle, élevés sur de très-hautes cuisses, ils ne peuvent voler, et ne se servent de leurs ailes que pour prendre leur élan. Il est vrai qu'alors ils courent comme l'autruche, avec une rapidité que rien n'égale, et qui rappelle à la mémoire ce vers heureux de l'un de nos poëtes.

Même quand l'oiseau marche, on sent qu'il a des ailes.

LA TOURTERELLE.

Sans vouloir rapprocher l'homme de ces animaux qu'il a soumis à ses caprices, qu'il a traités avec trop de dédain et de tyrannie, mais qui sont toutefois aussi distans de lui que l'a marqué la main du Créateur, nous remarquerons qu'il est étonnant combien, dans leur vie domestique, la plupart des animaux ressemblent à l'homme, avec cette différence cependant qu'ils

ont le plus souvent toutes ses vertus et qu'ils
échappent à ses vices.

Il est tel animal qui fait sa cour à sa femelle
comme un petit-maître adresse ses hommages
à l'objet de ses adorations. Le pigeon, par
exemple, fait en tournant une promenade
dans l'endroit où il rencontre sa femelle ; il
piaffe, il enfle ses plumes, et, comme un
jeune fat, il secoue son jabot. Le mâle tourterelle, soit en captivité, soit libre et au milieu
des bois, salue la sienne avec une soumission
bien capable de la flatter. Il se prosterne jusqu'à ce que son bec touche la terre, et cela,
quinze ou vingt fois de suite : à chaque salut,
il fait entendre les gémissemens les plus tendres. La femelle ne paraît point faire attention
d'abord à ces respectueux hommages, et ce
n'est qu'au bout de quelque temps qu'elle s'en-
flamme à son tour et qu'elle rend caresse pour
caresse. Fidèle au tourtereau, elle le suit partout jusqu'au moment de la ponte, où elle se
partage entre le plaisir et les besoins de sa nouvelle famille.

LE MERLE SOLITAIRE.

Moins folâtre que la tourterelle, le merle
solitaire est aussi constant dans sa tendresse :

ce n'est plus un amant, mais un époux, qui jouit moins par le plaisir qu'il goûte que par celui qu'il fait éprouver.

Quand la saison des pontes est arrivée, les merles se rassemblent par couples, et chaque ménage va prendre possession du comble d'un vieux clocher, ou d'une cheminée depuis long-temps hors d'usage, quelquefois encore de la cime d'un grand arbre.

Lorsque la femelle couve, le mâle, perché devant elle, occupé d'elle, et s'efforçant de charmer les ennuis qu'elle éprouve, commence un chant continuel : son ramage est pathétique, un peu triste peut-être, mais doux et flûté ; cependant il lui semble qu'il manque d'expression et qu'il rend mal encore tout ce qu'il sent. Aussi, pour ajouter par le geste ce qu'il ne peut rendre par ses accords, il s'élève dans l'air, plane un instant, puis tout à coup agite les ailes, déploie les plumes de sa queue, relève celles de sa tête, et décrit ainsi plusieurs cercles, dont sa femelle chérie est le centre unique. C'est auprès de lui et comme vers un protecteur que vient se réfugier la femelle lorsqu'elle est effrayée par le moindre bruit, ou par l'arrivée subite d'un oiseau plus fort qu'elle.

Quand les petits sont éclos, le mâle cesse de chanter, mais il aide la femelle dans leur éducation, et lui - même leur porte la becquée. Ces petits, enlevés de bonne heure, ont une grande souplesse dans les moyens, et on parvient sans peine à les dresser à quelque exercice, et à les faire parler ou chanter. Les habitudes singulières de cet oiseau, et sa voix, aussi douce que variée, l'ont rendu, dans quelques contrées, un objet de vénération. On y souffrirait impatiemment qu'on y troublât sa ponte, et sa mort serait regardée comme un très-fâcheux augure.

LE LORIOT.

Le loriot fait son nid sur des arbres très-élevés, et cependant à une hauteur médiocre ; il le façonne avec une singulière industrie, et l'attache ordinairement dans l'angle ou bifurcation que forment deux rameaux. C'est avec de longs brins de chanvre ou de paille, qu'il l'établit : de ces brins, les uns passent à l'entour du nid, et vont par-devant grossir un cordon, attaché par les deux bouts aux deux rameaux, et bien propre à préserver de toute chute, le nid auquel il est lié, par des liens, qui en font ensuite la couche extérieure.

Le matelas intérieur, destiné à recevoir les œufs, est un tissu de petites tiges de *gramen*, dont les épis sont ramenés en dehors; mais si artistement, que plus d'un connaisseur prit pour des fibres de racines ces petites tiges, et ne fut convaincu de son erreur, qu'après avoir fait la dissection du nid. Enfin, entre le matelas et le nid, le loriot dépose une quantité assez considérable de lichen, de mousse et d'autres matières, qui, en rendant le nid plus mollet en dedans, le rendent plus ferme en dehors.

C'est dans ce lit, ainsi préparé, que la mère met bas cinq œufs, quelquefois quatre, qu'elle couve avec une assiduité extrême, et qui, une fois éclos, deviennent le but de sacrifices plus grands encore. Le père et la mère ne quittent les petits, que lorsqu'ils savent chasser eux-mêmes : ils les protègent, les défendent ; on les a vus tués, à cause de l'opiniâtreté avec laquelle ils frappent de leur bec celui qui leur ravit leurs petits, ou la mère ne point vouloir quitter le nid, et, enlevée avec lui, mourir, en cage, de son chagrin, mais toujours sur ses œufs.

Le loriot est à peu près de la grosseur du merle : il a dix pouces de longueur, la queue de trois pouces et demi, et le bec de quatorze lignes. Le mâle est d'un beau jaune sur tout le corps, le cou et la tête, à l'exception d'un trait noir, qui va de l'œil à l'angle de l'ouverture du bec : les ailes et la queue sont moitié jaunes, moitié noires.

Le loriot est en très-grand nombre au Bengale et en Chine; dans nos pays, il a sa robe de couleurs un peu moins vives : dans quelque climat qu'on le rencontre, il n'est point facile à élever ni à apprivoiser.

L'ALOUETTE.

Nous ne donnerons aucun détail de description sur l'alouette : cet oiseau, qui se trouve dans tous les pays habités des deux continens, est trop connu pour qu'il ne soit pas hors de toute convenance, surtout dans un ouvrage de la nature de celui-ci, d'en parler sous ce point de vue à nos lecteurs.

Nous n'avons eu pour but, en nous occupant ici de l'alouette, que de la ranger parmi les oiseaux qui ont pour leurs petits une sollicitude toute maternelle, et de consigner, sous ce titre, un fait observé par Buffon, et qui la rend intéressante dans cette galerie, où nous voulons trouver chez les animaux un cœur, quand nous ne pouvons y découvrir des marques d'industrie ou d'intelligence.

« L'instinct, qui porte les alouettes femelles

à élever et soigner une couvée, se déclare quelquefois de très-bonne heure, et même avant celui qui les dispose à devenir mères, et qui, dans l'ordre de la nature, devrait, ce semble, précéder. On m'avait apporté, dans le mois de mai (*c'est M. de Buffon qui parle*), une jeune alouette qui ne mangeait pas encore seule ; je la fis élever, et elle était à peine sevrée, lorsqu'on m'apporta, d'un autre endroit, une couvée de trois ou quatre petits de la même espèce : elle se prit d'une affection singulière pour ces nouveaux venus, qui n'étaient pas beaucoup plus jeunes qu'elle ; elle les soignait nuit et jour, les réchauffait sous ses ailes, leur portait la nourriture avec le bec ; rien n'était capable de la détourner de ses intéressantes fonctions : si on l'arrachait de dessus ces petits, elle revolait à eux dès qu'elle était libre, sans jamais songer à prendre sa volée, comme elle l'aurait pu cent fois ; son affection ne faisant que croître, elle en oublia le boire et le manger, elle ne vivait plus que de la becquée qu'on lui donnait en même temps que ses petits adoptifs, et elle mourut enfin consumée par cette espèce de passion maternelle : aucun de ces petits ne lui survécut ; ils moururent tous les uns après les autres, tant ses soins leur étaient devenus nécessaires, tant

ces mêmes soins étaient non-seulement affec-
tionnés, mais bien entendus ».

L'OISEAU-MOUCHE.

Le plus petit de tous les oiseaux, l'oiseau-
mouche n'en est pas le moins industrieux : il
construit un nid, chef-d'œuvre d'élégance et
de délicatesse. Ce berceau de ses petits a la
consistance d'une peau douce et épaisse, étant
formé d'un coton fin, et d'une bourre soyeuse,
recueillie sur les fleurs. C'est la femelle qui se
charge du travail, le mâle lui apporte les matériaux. On ne saurait exprimer avec quelle
ardeur elle s'emploie à cette douce occupation, ni quels soins extrêmes elle met dans la
confection de ce lit voluptueux. Elle en polit
les bords avec sa gorge, le dedans avec sa
queue : elle le revêt à l'extérieur de morceaux
d'écorce de gommiers, seules parties solides
qui entrent dans sa construction. Tout l'ouvrage, qui n'a pas le volume de la moitié d'une
pêche, est suspendu à deux feuilles, ou encore du fétu qui sort du toit d'une cabane, à
la branche flexible d'un oranger. Dans ce nid,
sont déposés deux petits œufs tout blancs, de
la grosseur des petits pois ; le mâle et la femelle
les couvent tour à tour, et les petits éclosent

le treizième jour. La mère leur donne, pour première nourriture, le suc des fleurs, en leur faisant sucer sa langue, qui en est tout emmiellée.

LE GUÊPIER.

Le nom de cet oiseau lui a été donné à cause de sa nourriture ordinaire ; car, très-avide d'insectes, il choisit de préférence les guêpes et les mouches à miel : il les saisit au vol, et lui-même il est attrapé en volant, par les enfans de l'île de Candie. Ils le pêchent à la ligne au milieu de l'air, se servant comme appât, des mouches dont il est le plus friand. Ils passent une épingle recourbée au milieu d'une cigale vivante, et attachent à cette épingle un long fil : la cigale n'en voltige pas moins, et le guêpier l'apercevant, fond dessus et avale l'hameçon.

Le guêpier niche au fond des trous qu'il creuse avec un bec de fer et des pieds courts et forts. Il choisit de préférence les rives sablonneuses des grands fleuves, et les coteaux dont le terrain est le moins dur. Ces trous offrent jusqu'à cinq et six pieds de profondeur, et c'est dans l'endroit le plus reculé du souterrain que la mère dépose ses œufs sur un matelas de mousse. La profondeur du trou empêche l'oiseau de vivre dans cette retraite et d'assister à l'éducation de sa jeune famille.

LES PICS.

Cette famille d'oiseaux est extrêmement nombreuse, et chacun de ses genres renferme une quantité considérable d'espèces différentes. Les trois plus connues en Europe sont le pic-vert, le pic-noir et le pic-varié ou l'épeiche.

Le pic-vert est doué de peu d'intelligence peut-être, mais il doit à son organisation d'exécuter des actes qui appartiennent à l'industrie et qui lui feraient supposer plus d'instinct. Très-friand d'insectes, il les poursuit dans la terre qu'il ouvre à l'aide de son bec et de ses pattes, quelquefois dans le creux des arbres dont il enlève très-aisément d'assez gros morceaux. Mais la scène la plus intéressante de sa chasse est la manière singulière et très-adroite dont il prend les fourmis. Il se couche derrière une motte de terre et sur la ligne que les fourmis parcourent dans leurs travaux : il avance sa langue, qu'il sort de son bec le plus possible. Lorsqu'il sent qu'elle est couverte par les insectes, il la retire soudainement ; et après avoir avalé cette proie, il la replace afin

'en attirer une autre : lorsque le froid empêche les fourmis de se répandre dans la
campagne, il cherche, découvre une fourmilière, y fait une ouverture à l'aide de son bec,
et sur la brèche il attend celles qui, moins
timides ou moins occupées dans l'intérieur,
ne manquent point de sortir.

C'est dans un arbre vermoulu que les pics
ont leurs nids ; ils s'attachent sur la face la
plus malade du tronc, et à coups de bec ils
arrivent bientôt jusqu'au centre carié : puis ils
vident le trou qu'ils ont pratiqué avec les pieds,
en rejetant au dehors les copeaux et la poussière. C'est dans cette demeure profonde, et
dans laquelle une ouverture oblique ne laisse
point pénétrer la lumière, que les pics-verts
élèvent leurs petits.

Le pic-vert a, comme plusieurs autres animaux, différens éclats de voix pour exprimer
divers sentimens, diverses dispositions de son
organisme : à l'approche des pluies, il jette un
cri plaintif et traîné, qui peut se rendre par la
répétition fréquente de ce monosyllabe, *plieu*,
et que l'on entend de très-loin dans la campagne, toujours silencieuse dans l'attente de
l'orage. Au contraire, au moment de s'accou-
pler, lorsqu'il sent les premières atteintes de
l'amour, son chant est vif, bruyant et continu:

c'est le mot *tiò*, répété jusqu'à trente ou quarante fois de suite, qu'il fait alors entendre. Dans son état ordinaire, lorsqu'il n'est agité par aucun besoin, par aucune inquiétude, il fait retentir les forêts de ces cris durs et aigus : *tiacacan*, *tiacacan*. C'est le motif de son chant le plus naturel.

Les pics noir et varié sont remarquables par l'accomplissement des mêmes actes que le pic-vert, et ne se rencontrent point en France, comme celui-ci.

Quatre doigts épais, nerveux, tournés deux en avant et deux en arrière, un bec carré et presque tout semblable, par sa forme, à un coin, par son extrémité, à un ciseau, et soutenu par un cou gros et musculeux ; voilà avec quels instrumens les pics parviendraient, s'ils étaient en nombre suffisant, par détruire des forêts entières.

LA FRÉGATE.

Dampier fait un récit très-curieux des combats que se livrent entre eux les *frégates* et les *fous*, qu'il nomme, les premiers *guerriers*, et les seconds *boubies*.

« La foule de ces oiseaux est si grande, sur la côte d'Yucatan, dit-il, que je ne pouvais

passer dans leur quartier, sans être incommodé
de leurs coups de bec. Une fois je les frap-
pai, mais quelques-uns seulement s'envolè-
rent, et le plus grand nombre restèrent, malgré tous mes efforts pour les contraindre à
prendre la fuite. Je remarquai que les guerriers
et les boubies, quand ils allaient faire leur provision d'alimens, laissaient toujours des gardes
auprès de leurs petits. Les *guerriers*, lorsqu'ils
rencontraient une *boubie* seule, lui donnaient
plusieurs forts coups de bec sur le dos, pour
lui faire rendre gorge, et lorsqu'elle avait rendu
un poisson ou deux, de la grosseur du poignet,
les guerriers les avalaient à l'instant. Les guerriers les plus vigoureux jouent le même tour
aux vieilles boubies qu'ils trouvent en mer;
j'en vis un, moi-même, qui vola droit contre
une boubie, et qui d'un seul coup de bec lui
fit rendre un poisson qu'elle venait d'avaler;
le guerrier fondit si rapidement dessus, qu'il
s'en saisit en l'air avant qu'il ne fût tombé dans
l'eau. On rencontrait un assez grand nombre de
guerriers malades ou estropiés, qui, hors d'état
d'aller chercher de quoi se nourrir, étaient ex-
clus de la société : ils étaient dispersés en divers endroits, pour y attendre apparemment
l'occasion de piller ».

La frégate et le fou sont deux oiseaux pêcheurs.

LE FAUCON.

Les oiseaux moins privilégiés que les quadrupèdes, sous le rapport de l'intelligence, exécutent toutes actions qui semblent mériter de leur part moins de combinaisons. L'insecte même leur est en cela supérieur, qu'il paraît plus souvent agir par calcul, et que ses travaux produisent des résultats plus constans, plus appréciables.

Elever ses petits, leur construire un nid, avant qu'ils ne soient au jour, se défendre contre les attaques des oiseaux de même genre que lui, ou d'espèce différente, et par ruse se procurer les êtres dont la destruction sert à son existence; voilà en quoi consiste toute l'industrie du volatille : encore le plus grand nombre des oiseaux étant granivores, ou herbivores, ils n'ont point besoin de s'exercer à la chasse.

Le premier des chasseurs, de cette grande classe du règne animal, est sans contredit le faucon. Il accompagne les princes dans leurs plaisirs, et l'homme, secondant ses dispositions

V.ᵉ PL. — OISEAUX.

naturelles, a pris tant de soin de son éducation et de son instruction, qu'il a érigé en *art de la fauconnerie*, les leçons qu'il lui donne, et les divers moyens qu'il emploie pour le dompter ou pour le faire agir. Le faucon sert par habitude et par besoin; ce n'est qu'à force de privations qu'il consent à faire, en faveur de son maître, l'abandon de sa liberté, et lorsqu'il se livre à ses désirs, ce n'est qu'un marché qu'il contracte, et non un joug auquel il se soumet. L'espèce reste toujours dans les anfractuosités des rochers les plus sauvages; et courageux, il ne prend point de longs détours pour surprendre sa proie, il l'attaque de front, et fond sur elle perpendiculairement. Il se jette de préférence sur les faisans; et il s'abat de si haut, et si promptement, que ceux-ci, accablés tout à coup par sa présence, perdent, dans leur effroi, jusqu'à la force de fuir. Souvent aussi il attaque le milan, et bien que ce dernier soit en état de lui résister, il lui enlève sa proie, et le force à la retraite. Il y a beaucoup de faucons à Malte, à Rhodes, et comme il recherche de préférence les hautes montagnes, on le rencontre aussi dans les Alpes, dans les Pyrénées : ceux qui viennent du nord sont en général plus grands et meilleurs chasseurs.

6

Pour dompter le faucon, on commence par s'armer d'entraves, appelées *jets*, au bout desquelles on met un anneau, qui porte le nom du maître; on y ajoute des sonnettes, précaution utile, au moyen de laquelle le fauconnier (c'est le nom du gardien-instructeur de l'oiseau) peut se remettre aisément sur sa trace, quand il lui arrive de s'écarter. Très-indocile, il faut employer des moyens parfois violens pour le réduire; on l'oblige d'abord à rester perché sur le poing, et pendant trois jours et trois nuits, on le prive de sommeil et presque de nourriture, afin de lui faire perdre sa fierté et toute idée d'indépendance : enfin, on lui affuble quelquefois encore la tête d'une coiffe, appelée chaperon, et privé de la lumière, il devient plus traitable. Vaincu par le besoin, car on ne lui offre l'*appât*, ou viande qui lui sert de récompense, qu'à de longs intervalles. D'abord il refuse d'y toucher, mais vaincu par la lassitude, car on s'oppose à ce qu'il prenne une position propre au sommeil, et qu'au début il s'agite avec colère, et se donne beaucoup de mouvemens, il finit, après une résistance opiniâtre, par céder à la main de l'homme, sa tête, son bec, que l'on couvre du chaperon, sans qu'il fasse le plus petit mouvement pour s'en défendre. On juge alors qu'il est soumis, et on termine là la première leçon. Trop heureux encore le fauconnier, qui n'est point obligé de plonger la tête de l'oiseau dans l'eau froide, afin de calmer sa frénésie, et de lui faire avaler des petites pelottes de filasse pour exciter davantage l'appétit, qui déjà le tourmente.

Quand l'oiseau a fait preuve de docilité, on le porte sur le gazon, dans un jardin, et c'est alors qu'on lui apprend à sauter sur le poing, quand on lui présente l'appât. On répète plusieurs jours ce second thême, et lorsqu'on est sûr de ce mouvement, on lui fait connaître le *leurre*. Le leurre est un assemblage de pieds et d'ailes, qui représente aux yeux de l'oiseau la proie qu'il doit poursuivre, et c'est en y attachant la viande qui lui est destinée, que l'on parvient à le friander à ce simulacre. Dès qu'il est fondu dessus, et qu'il a donné un coup de bec, quelques fauconniers ont coutume de l'ôter pour irriter ses désirs ; mais ils s'exposent également à le rebuter. Le plus sûr, lorsqu'il remplit bien les exercices qu'on réclame de lui, est de le paître entièrement.

En toute éducation, il faut étudier le caractère de l'élève pour obtenir des résultats plus satisfaisans : ainsi il faut parler souvent au faucon qui fait peu d'attention à la voix ; il faut

laisser jeûner celui qui revient moins avide-
ment au leurre, et couvrir du chaperon celui
qui craint ce genre d'assujettissement.

Le troisième degré d'éducation est le vol.
Il faut qu'à la voix du chasseur le faucon tourne
de tel ou de tel autre côté et revienne au leurre :
pour l'amener à cette habitude, on l'attache à
une filière ou ficelle de quelques toises, et on
lui montre le leurre à quelques pas de distance ;
plus tard on le laisse s'éloigner davantage et
par degrés, de manière qu'à la fin il revient
vers le leurre de l'extrémité de sa filière, qui
est de neuf ou dix toises environ. Lorsqu'on
est sûr de ce dernier exercice, on remplace le
leurre par du gibier privé : c'est le complément
de l'éducation. Le faucon arrivé à ce point est
bientôt mis hors de filière et essayé en pleine
campagne.

Un bon faucon doit avoir la tête ronde, le
bec court et gros, le cou fort long, la cuisse
longue, la jambe courte, la main large, les
doigts déliés, et les ongles fermes et recourbés ;
le plumage sans aucune tache, ou, en termes
de fauconnerie, tout d'une pièce. Ainsi choisis,
ils sont plus faciles à instruire, plus intelligens,
et plus laborieux.

LA CHOUETTE.

Moins propre à une éducation suivie et ne pouvant même , par sa faiblesse pendant le jour, rendre à l'homme des services qui compenseraient le soin qu'il prendrait de diriger son goût pour la chasse, la chouette des églises, l'effraie, est fort adroite pour prendre les souris ; et le chat le plus expérimenté parviendrait moins promptement à les détruire. Elle ne manque pas , lorsque des *lacets* sont tendus près de son trou, d'aller les visiter ; et si le chasseur n'est en embuscade la nuit, il ne retrouve plus le lendemain matin que quelques plumes des grives et des bécasses qu'elle lui a dérobées. Elle a la précaution, très-rare chez les animaux de proie, de plumer les oiseaux qu'elle mange et de ne point les déchirer sans nécessité , prévoyant la faim qui doit revenir et sentant le besoin qu'elle a de faire des provisions. Tout, dans **ses** resserres, est mis à profit.

LE MARTIN.

Cet oiseau, dont l'histoire offre un assez grand nombre de faits curieux, n'aurait droit à figurer ici, d'après le cadre que nous nous sommes promis de ne point franchir, que comme imitateur : dans l'état de liberté, il a coutume de s'exercer à contrefaire tous les cris des animaux qui l'environnent, et souvent avec une telle perfection, que le chasseur peut s'y méprendre. Captif, le martin imite le coq, l'oie, le canard, les petits chiens et les moutons ; et, comme s'il était pénétré de cette idée qu'il remplit un rôle comique, il accompagne ces différens cris de certains gestes pleins de gentillesse, et semble rire de ses imitations.

Grand destructeur des insectes, le martin a reçu presque les honneurs d'un culte dans certaines contrées. A l'île de Bourbon, on les fit multiplier, à l'aide de quelques paires que le gouverneur, M. Desforges-Boucher, fit venir des Indes, dans le dessein de les opposer aux sauterelles. Les services qu'ils rendirent d'abord furent incontestables, et le fléau qui affligeait l'île fut bientôt arrêté dans son cours. Les sauterelles mangées, les martins furent obligés, leur nombre allant sans cesse en augmentant, de quêter d'autres alimens. Ils se mirent à chercher des petits vers dans les terres nouvellement ensemencées. Les colons qui les aperçurent s'imaginèrent qu'ils en voulaient au grain, et, comme on oublie d'être reconnaissant envers son libérateur dès que le péril est passé, les martins furent déclarés nuisibles, et leur procès fut fait dans les formes. En vain leurs défenseurs soutinrent que ce n'était point le grain, mais l'insecte ennemi du grain que l'oiseau poursuivait avec avidité, et que, loin de porter préjudice aux colons, il continuait, en épluchant les terres, de se montrer leur protecteur. L'erreur s'était répandue ; le jugement fut porté et mis si promptement à exécution, que deux heures après on n'eût point trouvé dans l'île une seule paire de martins.

Cette décision si vivement sollicitée et si brusquement suivie, ne tarda pas à faire naître des regrets. Les sauterelles avaient disparu, on en vit quelques-unes, et bientôt multipliant de nouveau sans obstacle, elles amenèrent le peuple, qui ne sent que l'inconvénient présent, à rappeler les martins, seuls adversaires qui pouvaient remédier aux nouveaux désastres. Quatre de ces oiseaux rentrèrent huit ans après la proscription, et furent reçus avec des transports de joie. Leur arrivée fut célébrée par des réjouissances publiques, et un peuple immense alla les recevoir au débarquement.

Une loi de l'état prononça des peines contre ceux qui détruiraient quelqu'un de ces oisceaux, et les médecins déclarèrent leur chair malsaine. Ces précautions produisirent l'effet désiré. Les martins devinrent plus nombreux que jamais, le même inconvénient reparut, et les sauterelles une fois détruites, ces oiseaux se jetèrent sur les fruits et sur les pigeons qu'ils allaient détruire au milieu du colombier. On s'affligea de nouveau, et les habitans de Bourbon, par cette fausseté de jugement qui entache toute l'humanité, extrêmes dans la vengeance qu'ils avaient exercée contre les martins, extrêmes dans la soumission avec laquelle ils les avaient reçus à leur seconde entrée, ne sentirent pas que pour se préserver de l'un et de l'autre écueil, pour conserver leurs récoltes et se débarrasser des sauterelles, il suffisait de ne laisser les martins se multiplier que jusqu'à un nombre convenu, de manière que trop peu nombreux pour nuire aux colons, ils se trouvassent toujours en quantité suffisante pour détruire les sauterelles.

Le martin prend en mangeant une précaution que des douleurs, dont il a la mémoire, lui conseillent chaque fois qu'il aborde un aliment trop indigeste. Il saisit les membres qu'il veut avaler, et les secouant fortement à l'aide de sa patte et de son bec sur un plancher ou contre une pierre, il parvient à en rompre les os et à réduire le tout en une pâte molle dont il se nourrit sans danger.

Très-attaché à ses petits, le martin ne connaît aucun péril qui puisse l'éloigner d'eux. Si un chasseur les enlève, il sera obligé de le tuer, car il les suivra jusqu'au fond de son appartement; et si la fenêtre en est ouverte, on le verra à des heures réglées entrer avec la nourriture nécessaire à son petit, et il faudrait qu'il fût blessé de manière à ne pouvoir plus agir pour qu'il cessât ces intéressantes fonctions dans lesquelles il est secondé par sa femelle. Plus gros que le merle, le martin a le bec et le pied jaunes comme lui, mais un peu plus longs. Sa tête et son cou sont noirâtres, le dessus de son corps et de ses ailes d'un brun marron assez foncé et son ventre blanc. La femelle pond ordinairement quatre œufs, et pond deux fois par année.

LE COQ DE BRUYÈRE.

Ce coq à queue fourchue, appelé encore petit *Tétras* par les naturalistes, se rencontre dans le nord de l'Ecosse. Comme il est des oiseaux qui savent chasser et par mille ruses se procurer leur proie, il en est d'autres innocens, et cependant pourvus de quelqu'adresse, dont tout l'instinct n'est employé qu'à la défense de leur vie. Le tétras est dans ce cas, il semble élire pour le gouverner le plus vieux, et par conséquent le plus sage de sa colonie, et s'en remettre à sa garde. C'est ce vieux coq qui dirige la troupe et lui fait éviter avec un tact merveilleux les piéges des chasseurs.

Pour mieux faire connaître cette industrie toute particulière du vieux tétras, il nous faut dire en peu de mots les moyens mis en usage pour chasser ces oiseaux. Le tireur est caché dans une hutte, et près de ce lieu d'observation est une poupée, un tétras empaillé ou artificiel, que l'on fixe sur un bouleau à portée du lieu que les tétras ont choisi pour leur rendez-vous d'amour. Ils accourent autour de cette effigie, les mâles surtout, et se livrent des combats sanglans pendant lesquels le chasseur a tout le loisir de les ajuster et de les abattre. On prétend que le vieux tétras, conducteur de la bande, saisit le moment où les chasseurs sont éloignés pour détruire à coups de bec ce simulacre, et que par là il met ses pareils en sûreté en leur découvrant la supercherie. Quelquefois encore en Lithuanie, en Livonie et en Courlande, on les conduit vers la hutte du tireur au moyen d'une battue que font plusieurs hommes à cheval et armés de fouets. Le bruit qu'ils font fait lever les tétras qui, environnés ainsi par un cercle qui va toujours en se rétrécissant, finissent par être rassemblés au lieu même marqué pour leur destruction. Il n'est pas rare alors que le vieux tétras leur ayant pour ainsi dire marqué un rendez-vous où ils s'abattent au plus fort de la bruyère, les contienne calmes et couchés comme morts, malgré les nombreux coups de fouet de ceux qui les pourchassent, et les conduit loin de là lorsque les chevaux sont une fois passés et qu'il a donné le signal de la volée.

Quand les tétras sont dans la saison des amours, époque à laquelle il convient de les chasser, ils se rassemblent en plus grand nombre. Les mâles se livrent des combats terribles, et les femelles attendent à l'écart que l'issue de ces querelles sanglantes ait décidé de leur sort. Elles se livrent alors aux vainqueurs qui, par un roulement de gosier très-éclatant, réclament le prix de leur triomphe.

LA GÉLINOTTE.

Cet oiseau a le plus grand rapport avec le *tétras*. Pour s'en faire une juste idée, il faut se figurer une perdix qui, tenant le milieu entre, la rouge et la grise, aurait quelque rapport, quant au plumage, avec le faisan. La gélinotte sait, avec infiniment d'adresse, se défendre contre les chasseurs, ou, pour employer un mot d'un sens plus précis, se mettre à l'abri de leurs poursuites. C'est avec un grand bruit d'ailes qu'elle part dès qu'on la fait lever; mais comme si elle savait que le seul moyen d'éviter la mort est de se cacher à l'œil de l'homme, elle se jette dans un sapin très-touffu, à l'endroit même d'où partent les branches, et reste immobile avec une patience singulière jusqu'à ce que le chasseur ait cessé de la guetter.

Les gélinottes préfèrent les forêts aux montagnes, et c'est encore parce qu'elles y trouvent plus de sûreté contre les attaques des chasseurs et des oiseaux de proie.

LE CORBEAU.

Le corbeau a joué un très-grand rôle dans l'antiquité. Il était l'oiseau le plus fréquemment consulté lors des Aruspices, et les charlatans sacrés ne manquaient pas de donner aux quarante et quelques inflexions différentes, que l'on avait remarquées dans sa voix, une valeur très-diverse, mais toujours importante et très-significative, Le cri lugubre du corbeau, et son habit plus lugubre encore, étaient des titres irrécusables à l'honneur de figurer dans des conjurations.

Doué de beaucoup d'intelligence, il est capable d'attachement, et très-facile à réduire à l'état de domesticité : on l'a vu quelquefois sous la direction d'un fauconnier habile; il peut chasser au profit d'un maître, et instruit avec plus de soin encore, il peut devenir animal de défense, s'il est vrai, toutefois, qu'un tribun romain, Valérius, attaqué par un Gaulois, d'une grandeur et d'une force démesurées, n'est parvenu à le vaincre qu'à l'aide d'un corbeau, qui, pendant tout le combat, se jeta sur son adversaire, lui frappant au visage, et le harcelant de mille manières. On fait encore honneur à son industrie du stratagême suivant : On rapporte qu'un corbeau, voyant au fond d'un vase un peu d'eau, imagina d'y jeter des petits cailloux, jusqu'à ce que l'eau vînt au niveau des rebords, et qu'il pût satisfaire sa soif.

Quoique peu favorisés, sous le rapport des formes et des couleurs, les corbeaux s'inspirent un amour réciproque, et restent attachés plusieurs années à la même compagne. Comme chez les tourterelles, le mâle fait des caresses différentes, au commencement et à la fin de

ses amours, son chant prend un caractère particulier, et son bec s'approche de celui de sa
femelle, comme pour le baiser.

Il est très-prévoyant, et les amas considérables qu'il fait de noix et de graines de toute
espèce, ne doivent pas seulement servir à ses
petits, mais bien à lui et à sa compagne, pendant la saison des froids. Ils amassent aussi et
cachent tous les objets qui ont quelque éclat :
il est probable que la manière dont ces objets
frappent leur vue, leur procure une sensation
agréable. On ne peut expliquer autrement les
vols qu'ils font de matières brillantes. A Erford,
un corbeau eut la patience de porter, une à
une, sous une pierre, dans l'endroit le plus retiré d'un jardin, jusqu'à cinq ou six florins en
très-petite monnaie.

Pendant l'incubation, le corbeau veille à la
sûreté de la demeure, et il n'est point d'oiseau
de proie qu'il craigne d'attaquer. Il arrive parfois que le milan menaçant ses petits, il prend
son essor, gagne le dessus, et se rabattant
sur cet ennemi, il le frappe violemment de son
bec : si l'oiseau de proie fait des efforts pour
reprendre le dessus, le corbeau en fait pour
conserver son avantage, et quelquefois ils s'é-
lèvent si haut dans les airs, qu'on les perd
de vue. Pendant la lutte, les petits sont sau-

vés, à moins qu'un nouvel agresseur ne profite de l'absence du père.

Nous ne parlerons point ici du talent d'imitation dont les corbeaux sont doués, et de cette facilité incroyable avec laquelle ils imitent la voix humaine : il n'est personne qui n'en ait entendu quelqu'un dans nos rues, faire la conversation avec les passans, et tout le monde se rappelle ce corbeau qui salua *Auguste, empereur*. C'est au reste un résultat de l'éducation, quoique l'instinct de l'animal, et une disposition organique, favorisent les leçons qu'on a toujours besoin de lui donner.

LA PERDRIX.

Il est de remarque, que plus les animaux sont ardens pendant la saison des amours, plus ils accordent de soins à leur couvée, plus ils sont assidus et courageux quand s'agit de sa conservation. La perdrix est une preuve à l'appui de cette observation; en effet, s'il est peu d'oiseaux aussi lascifs, il en est peu qui veillent avec plus de zèle auprès de leurs petits. Presque toujours on trouve, dans le lit, le mâle et la femelle, les ailes étendues, couvrant de leur corps les petits, dont les têtes sortent de tous côtés, avec des yeux très-vifs; dans cette position intéressante , ils sont le plus souvent épargnés par le chasseur, qui, mu par son intérêt, plus encore que par sa sensibilité, ne veut pas nuire à la multiplication du gibier. Si le chien s'emporte, le mâle part le premier, et c'est d'une aile traînante qu'il prend sa volée; il attire le chasseur sur ses traces par l'espoir d'une proie facile, et c'est en fuyant assez pour n'être point pris, mais assez peu vite pour ne pas ôter au chasseur tout espoir, qu'il le conduit très-loin du nid, auquel il revient après de longs circuits. La femelle, pendant ce temps, a rassemblé ses petits, et les a conduits assez loin du nid, afin de les sauver de tout danger, dans le cas où le chien se rebutant de la poursuite du mâle, y reviendrait comme vers une capture plus facile. Il est rare cependant que le chien abandonne la chasse du mâle, car celui-ci revient sur son ennemi en battant de l'aile, quand il croit remarquer en lui du découragement, tant l'amour maternel inspire de courage aux animaux les plus timides !

LE BUTOR.

On trouve le butor partout où il y a des marais assez grands pour lui servir de retraite :

on le connaît dans la plupart de nos provinces ; en Angleterre, en Suisse, en Danemarck, il est assez fréquent en Suède. C'est à Montreuil-sur-Mer, et sur les côtes de Picardie, que l'on rencontre le plus sûrement le butor. Quoique voyageur, il s'y trouve par douzaines, dès que le mois de décembre est arrivé.

Il est peu d'oiseaux qui se défendent avec autant de sangfroid que lui : calme dans tous les momens, il ne court point au-devant de son ennemi ; il l'attend et lui présente toujours le bout de son bec, qui est extrêmement aigu, à peu près comme un bon tireur tient toujours la pointe de l'épée au corps. Il en résulte que le butor sait mieux rester en garde, et parer les coups qu'il ne saurait porter. Quand le chasseur l'attaque, il est obligé de le tuer, car il se venge par des coups de bec cruels, et se défend jusqu'à la mort. Surpris par un chien, il se jette sur le dos, et se défend dans cette posture des griffes et du bec. Le faucon le redoute, et n'ose l'attaquer que par derrière ; le butor, qui a les mouvemens plus difficiles que cet adversaire, ne tarde pas à avoir le dessous dans cette lutte ; mais son courage et son désespoir font ensuite lâcher prise à son vainqueur.

Dans les mois de février et de mars, les bu-

tors jettent un cri que l'on pourrait comparer
à l'explosion d'un fusil de gros calibre, ou,
mieux encore, aux sons rauques d'une contre-
basse. C'est leur appel d'amour. Jamais langage
amoureux ne fut moins harmonieux. C'est
presque sur l'eau, et seulement soutenu par
un ou deux roseaux, qu'est établi le nid du
butor. La femelle couve vingt à vingt-cinq
jours, et les petits sont, lorsqu'ils viennent
d'éclore, très-loin encore de la perfection.
Leur corps est presque entièrement nu, et
leur face est hideuse. Le père et la mère leur
apportent du frai de grenouilles, des sang-
sues, des lézards, et sur la fin de leur éducation physique, des tronçons d'anguille. Pendant tout le temps que le butor élève ses petits, il se sacrifie lors du danger à leur conservation, et il est dangereux d'approcher le nid,
car il peut crever les yeux des imprudens.

LE MARTIN-PÊCHEUR.

Le plus brillant de tous les oiseaux de nos
pays, le martin-pêcheur, offre une réunion
très-rare des couleurs les plus vives; et le bleu
qui ondoie sur les deux côtés de son corps,
le rouge de feu qui couvre son ventre, feraient
croire qu'il est né dans ces climats heureux où

le soleil, source des couleurs les plus riches, couvre les oiseaux de pompeux habits. Au reste, il est croyable qu'il est en effet originaire d'Asie ; mais son plumage ne semble point avoir perdu depuis qu'il produit sous un ciel moins ardent.

Le martin-pêcheur niche sur le bord des rivières, dans le trou creusé par le rat d'eau, qu'il approfondit, et dont il maçonne et retrécit l'ouverture après le déblaiement.

Pour la pêche, il se place sur une branche avancée au-dessus de l'eau, et au moment où le poisson nage à sa surface, il se laisse tomber dessus ; et quelquefois, plongeant après sa proie, il ne reparaît que lorsqu'il la tient à son bec. Malgré les efforts qu'elle fait pour lui échapper, il la porte sur le rivage ou dans son trou ; et, plus riche en provisions qu'il n'a d'appétit, il la tue en la frappant contre une pierre, afin de la conserver d'une manière plus sûre. Lorsque les eaux sont troubles, le martin-pêcheur, qui ne peut plus apercevoir le poisson de rivière, plane à quinze ou vingt pieds dans la direction des ruisseaux d'eau vive, et de cette hauteur il remarque les très-petits poissons ou les insectes, qu'il descend chercher. C'est pendant ce temps pluvieux qu'il a recours à son magasin, et qu'il pare une table assez chétivement servie des provisions faites quelques jours auparavant.

Dans la Sibérie, où l'on trouve encore le martin-pêcheur, il est l'objet des superstitions les plus ridicules : les *Ostiaques* jettent ses plumes dans l'eau, et attachent une vertu singulière à celles qui surnagent. Ils les recueillent avec soin, les portent avec eux, et croient parlà se prémunir contre tous les accidens de la vie, bien qu'ils n'en soient guère plus préservés que nos paysans ne le sont des morsures et de la rage lorsqu'ils portent au doigt les bagues que leur vendent des bateleurs, sous le nom de bagues de saint Hubert.

LE SAVACOU.

Le Savacou, naturel aux régions de la Guyane et du Brésil, a le plus grand rapport avec les hérons, quant à la conformation du corps et aux habitudes. Il ne diffère de cette famille que par son bec, qui semble deux *cuillers* se couvrant par leur face concave, et dont la face convexe présenterait des arrêtes assez tranchantes pour couper. Armé de ce formidable moyen de défense, le savacou ne cherche cependant point à attaquer des animaux qui seraient infailliblement ses victimes. Il se contente de très-petits poissons, qu'il enlève avec autant de prestesse que le martin-pêcheur, et par une méthode tout-à-fait semblable à celle qu'emploie celui-ci. Il se tient à quelque élévation, et, se plongeant tout à coup dans l'eau dès que le poisson frappe sa vue, il reparaît l'emportant à son bec, le laisse échapper quelquefois et le ressaisit avec la même promptitude, avec la même facilité.

LE PÉLICAN.

Cet oiseau, l'emblème du dévouement paternel et le cachet ou armoiries d'un grand nombre de maisons nobles, est trop connu pour que nous entreprenions de le décrire; notre but d'ailleurs n'étant point de donner une histoire naturelle des animaux dont nous parlons, mais bien de consigner les faits curieux que présente à l'œil de l'observateur l'étude de leur vie, de leurs habitudes. Tantôt ne saisissant qu'une circonstance dans toute leur existence, nous les peignons au moment de l'incubation ou dans leur chasse, ou bien encore dans leurs plaisirs et dans leurs amours. C'est chez l'animal le résultat d'un calcul réel que d'abord nous étions convenus d'admirer ; mais peu à peu nous complaisant dans ces rapports avec des êtres qui chaque jour nous offraient quelque spectacle intéressant et nouveau pour nous, nous avons également tenu compte de tel acte que l'animal remplit par une suite de son organisation même, et qui est aussi inhérent à sa nature que les proportions de son corps, que la couleur de son poil, de ses écailles ou de ses plumes. Il en est résulté que notre recueil est une collection de tout ce qu'offrent de remarquable, dans leurs relations avec les êtres et les objets qui les environnent, les différentes classes du règne animal.

Le pélican, ayant onze ou douze pieds d'envergure, se soutient aisément en l'air et se balance avec légèreté, sans changer de place. Il fait servir cette faculté au profit de son appétit, et, tombant d'aplomb sur sa proie, il ne manque jamais de la saisir. Celle-ci est étourdie par la violence du choc et par la commotion de l'eau qui, frappée par des ailes aussi étendues, bouillonne et tournoie autour d'elle : en vain elle chercherait à fuir; dans l'état de faiblesse où la jette l'effroi, elle ne pourrait vaincre les tourbillons de l'eau, et resterait auprès de son ennemi, quelque effort qu'elle fît pour lui échapper. Voici comment pêche le pélican lorsqu'il est seul. En société il est plus savant chasseur, et ses manœuvres sont telles qu'un instinct supérieur paraît y présider. Les pélicans se disposent en ligne, comme plusieurs vaisseaux de guerre, autour d'un seul, et, resserrant le cercle qu'ils ont tracé, à mesure qu'ils approchent du point de centre, ils finissent par rassembler le poisson dans un très-petit espace, et se partagent leur capture tout à leur aise.

Ils savent choisir en outre les heures du matin ou du soir où le poisson est le plus en mouvement. Quand ils ont rempli, après plusieurs tentatives de pêches presque toujours heureuses, la poche membraneuse qui forme la moitié inférieure de leur bec, et qui est susceptible d'une extension considérable, ils vont manger, digérer et dormir sur la pointe d'un rocher.

Ce gros oiseau, malgré sa pesanteur, est susceptible d'éducation. On en a vu se promener familièrement dans la ville de Rhodes, et l'empereur Maximilien en possédait un qui, le suivant dans les combats, s'élevait au-dessus de l'armée à une si grande hauteur, que bien qu'il eût quinze pieds du bout de l'une des ailes à l'autre, il paraissait de la grosseur d'une hirondelle.

Le pélican fréquente à certaines époques les pays froids, il séjourne plus long-temps et plus volontiers dans les régions méridionales de notre continent et du Nouveau-Monde.

LE CORMORAN.

Le Cormoran est un assez grand oiseau à pieds palmés, dont le bec est beaucoup plus petit que celui du pélican, et le cou beaucoup moins long que celui de cet autre pêcheur. Le cormoran est si avide de pêche qu'il semblerait, quand seul il a fixé son séjour dans un étang, que des races entières d'oiseaux pêcheurs y auraient passé, tant il y cause de dégâts. Il est en cela plus favorisé que le pélican et beaucoup d'autres oiseaux pêcheurs, qu'il peut rester long-temps dans une immersion complète. Quand après un plongeon il revient avec le poisson en travers de son bec, il le jette en l'air et le reçoit avec adresse, et toujours par la tête : par ce manége, il évite de prendre à contre sens les nageoires du poisson qui le pourraient gêner au passage.

Les sauvages du Kamtschatka sont parvenus à rendre le cormoran domestique, et il n'est pas rare de le voir pêcher à leur profit. La manière dont ils s'emparent de lui est assez singulière. Ils lui présentent un lacet au bout d'une longue gaule, et l'animal est si paresseux qu'il se contente de détourner le cou afin d'éviter le lacet, jusqu'à ce que, fatigué de ce mouvement, il reste immobile. Il devient alors très-aisé de lui passer le lacet et de le conduire partout où l'on désire.

Rarement les sauvages mangent sa chair, l'expérience leur ayant prouvé qu'elle était malsaine. Quand ils s'emparent de lui pour le tuer, c'est afin de vendre sa graisse, qui sert à l'éclairage. Dans la baie de Saldana, il est une île où ces oiseaux sont en si grande quantité, qu'elle en a pris le nom, dans les relations des voyageurs, d'*Ile des cormorans*.

LE TOURNE-PIERRE.

Ce petit oiseau, qui a les pieds sans membranes, bien qu'il habite le rivage des mers, et qui ressemble à la maubèche par sa grosseur, et au pluvier par son plumage noir et blanc, n'offre que cela de remarquable, qu'il retourne toutes les pierres qu'il rencontre pour chercher dessous les vers qui font sa nourriture. Il lève et tourne avec une si grande facilité des pierres de deux et trois livres, qu'il faut admettre qu'il n'y parvient que par une extrême adresse; car la force de son cou et le peu de volume de

son corps ne sauraient l'aider dans une opération aussi pénible et qu'il répète aussi souvent.

LA GRUE.

Originaire du nord, la grue visite les pays
tempérés. Dans les lieux où elle habite le plus
ordinairement, et dans ceux où elle ne fait
que passer, elle est toujours poursuivie par la
même inquiétude. Il n'est point de nuits où elle
reste sans gardes. Voyageant toujours en troupes, quelques membres de la société sont
placés en sentinelles sur des lieux élevés et
environnans. Le chef, car elles en choisissent
un au moment du départ et pour les diriger
dans les combats qu'elles se livrent assez fréquemment, le chef veille la tête haute, pendant que toute la troupe a la tête cachée sous
l'aile. Nous ne saurions dire comment a lieu
l'élection du chef; mais on ne peut refuser aux
grues l'intelligence sociale de se rassembler,
et cette soumission au directeur du voyage
qu'elles suivent avec une précision et un ordre
admirables.

Naturellement disposée à se jouer par divers sauts, puis à marcher avec gravité, la

grue peut aisément se dresser à la danse, et des bateleurs à Rome en firent voir qui imitaient mille postures comiques.

LA CIGOGNE.

Qui nous montrera cette carte géographique avec laquelle les oiseaux voyageurs parviennent sans aucune erreur de vol au terme des plus longs voyages ? Qui nous fera entendre une seconde fois cette voix qui a un jour dit à ces hordes émigrantes: Il faudra vous rassembler à tel signe précurseur de l'hiver, attendre pour le départ que vous soyez en masses considérables, afin de résister aux courans d'air les plus violens et de les rompre sans fatigue en passant tour à tour sur le premier rang par des évolutions régulières et successives; il vous faudra vous diriger vers tel degré, et vous rencontrerez au sein des mers, à des distances immenses du continent, un banc de sable, un rocher, sur lequel votre troupe entière pourra se reposer. Qui nous répondra? Ce ne sera point l'athée; cette seule question suffirait pour l'anéantir! Et en effet, est-ce à une nature aveugle qu'il faut confier des résultats aussi constans? Sont-ce les premiers oiseaux qui ont osé s'aventurer dans les plaines de l'air sans connaître la route qu'il fallait suivre et sans un point de repos. Ils seraient infailliblement péris dans les eaux, et il faut reconnaître dans les premières instructions qu'ils ont reçues pour ces lointains voyages, cette même puissance qui les avait créés et qui ne les ayant point faits pour les hivers, voulut, sans intervertir l'ordre des saisons nécessaires aux différentes parties du globe, les faire jouir de deux étés.

La cigogne est le premier peut-être à citer parmi tous les oiseaux voyageurs. Leur départ, leur voyage, leur retour, semblent ordonnés par des lois fixes et par elles religieusement observées. Le rendez-vous a toujours lieu dans le même endroit. De tous côtés, elles accourent en l'espace de quelques jours, et les plaines en sont blanchies. On les entend alors fréquemment *claqueter*, et, comme si elles se cherchaient, se reconnaissaient et s'inquiétaient des événemens qui leur seraient arrivés depuis leur séparation, elles changent de place et se rassemblent par groupes dont les individus changent à tout instant. Les unes se tiennent à l'écart, et volent presque sans discontinuer pendant tous ces apprêts. Quelques personnes ont regardé ces dernières comme des sentinelles qui veillaient au salut de la compagnie ; d'autres ont prétendu que c'étaient des mères qui, inquiètes sur le degré de forces de leurs petits, novices encore pour un aussi long voyage, les exerçaient devant elles au vol rapide, au repos dans l'air, et cherchaient à se tranquilliser en les éprouvant avant de se mettre en route.

Mais le signal est donné : le plus grand silence succède à l'agitation, et toutes quittent terre au même moment, se perdent dans la nue, et avant de tenter le trajet de la Méditerranée, vont parfois se reposer eux environs d'Aix en Provence. Leur nombre est d'ailleurs si considérable, que chaque troupe, ou vol, comme on l'appelle encore, est plus de trois heures à passer sur un demi-mille environ de largeur.

Les cicognes ne connaissent donc point les rigueurs de l'hiver. Leur année est composée de deux étés, et aussi goûtent-elles deux fois les plaisirs de l'amour. Elles font une seconde fois des petits pendant leur séjour en Egypte.

La cigogne est propre, et jamais elle ne laisse séjourner ses ordures auprès d'elle : c'est dans un endroit écarté qu'elle a soin de les aller déposer ; mais elle est surtout remarquable par des vertus morales qui lui sont naturelles. Elle a pour ses petits un attachement extrême et de très-longue durée. Elle les porte sur ses ailes quand ils essayent les leurs, et ne les quitte que long-temps après qu'ils ont acquis tout le développement auquel ils doivent parvenir. S'ils sont attaqués par un ennemi trop fort et qu'elle perde l'espoir de les sauver, elle leur fait un rempart de son corps et meurt sous les coups, ne voulant point leur survivre. Enfin on voit fréquemment les jeunes cigognes reconnaissantes de tant de soins, de tant de bienveillance, venir apporter la nourriture à leurs parens qui, accablés par l'âge où par les infirmités, languissent et ont à peine la force de se traîner jusqu'au bord du nid dont ils ne sortent plus. Il a fallu pour que l'homme soutînt ses parens dans la vieillesse, l'y contraindre par une loi. Cette loi portait chez les Grecs le nom de cet oiseau qui, spontanément et sans tribunaux, sans officiers civils, sait remplir le premier des devoirs de la nature. Les Egyptiens, frappés par le spectacle de ces qualités singulières, eurent pour la cigogne un temple et des autels. Cette idolâtrie pouvait au moins produire un bon exemple.

LE CANARD SAUVAGE.

C'est vers le quinze octobre que le canard, parti des régions du Nord, arrive en France par bandes peu considérables, mais qui voyagent dans un ordre extrêmement bien réglé. C'est en triangle que la troupe se dispose, de manière que celui qui est en avant, à la pointe de l'angle, fatigue beaucoup, étant obligé de rompre les courans d'air; mais si les deux qui lui succèdent éprouvent encore dans leur vol quelque difficulté, tout le reste voyage sans être contraint aux plus légers efforts. Le chef est tour à tour changé, et chacun prenant la place laborieuse, tous partagent les fatigues du voyage.

Ce n'est guère que, sur la fin du jour, que les canards sauvages s'abattent dans nos marécages après avoir pris toutefois d'étranges précautions: ils s'arrêtent à une distance assez grande du sol, et quelques éclaireurs sont chargés d'aller visiter les lieux. C'est lorsqu'ils remontent vers la troupe, que, rassurée sans doute par leur perquisition, on la voit descendre tout entière.

Alors même quelques-uns d'entre eux sont postés de manière à pouvoir, en cas d'attaque imprévue, donner l'éveil aux autres, et souvent le chasseur, du plus loin qu'il les aperçoit, les voit tous, à un cri d'alarme, partir et se mettre par un vol rapide hors de toute atteinte. Le moyen le plus sûr pour ajuster le canard sauvage est de lancer dans l'endroit où il s'est

abattu un canard femelle domestique. Il accourt à son cri, et souvent le tireur en abat
jusqu'à cinq ou six d'un seul coup de fusil.

L'ORTOLAN.

Cet oiseau est originaire d'Italie, mais il est
tellement acclimaté dans les autres pays où on
le rencontre, qu'il est difficile de déterminer
aujourd'hui quelle est la contrée qui leur appartient davantage. Il se fixe dans un canton
lors d'une émigration, y fait des petits, y revient l'année suivante, et finit par s'y multiplier et par en prendre pour ainsi dire possession.

On rencontre les ortolans en Allemagne, en
Suède, mais ils reviennent périodiquement dans
nos provinces méridionales, le plus souvent par
la Picardie, et jamais par la Bourgogne. Il n'y a
pas un très-long temps qu'on les vit se natura-
liser en Lorraine, entre Dieuse et Mulée, endroit où, jusqu'à cette époque, on n'en avait jamais aperçu un seul.

L'ortolan, comme nous venons de le dire,
est voyageur. Il arrive le plus ordinairement
avec l'hirondelle et quelques jours avant les
cailles. En rentrant, il est un peu maigre, mais
il se répand dans les vignobles, et mange tant

d'insectes qu'il ne tarde pas à reprendre du corps.

Dès les premiers jours du mois d'août, les nouveaux ortolans suivent leurs chefs et prennent le chemin des provinces méridionales; quelques-uns des vieux seulement les accompagnent, tandis que le reste, ayant plus de force pour faire une route qui déjà leur est connue, ne partent que deux mois après, vers la fin de septembre. Ils font encore une pause avant de se mettre en route vers la Provence, et n'en suivent la route avec ardeur que lorsque les froids se font sentir.

De tout temps cet oiseau fut servi sur la table du riche, et les Lucullus à Rome les mangeaient aussi fréquemment que la grive. Pour cela il faut qu'ils soient extrêmement gras, et rarement on les trouve dans un état bien pléthorique.

C'est un régime qui produit chez eux l'embonpoint nécessaire à l'art culinaire; on les enferme dans une chambre très-exactement fermée, de manière à leur ôter la conscience de la lumière du jour que l'on remplace par des lanternes continuellement entretenues; puis on met à leur disposition du millet et de l'avoine en quantité suffisante. Cette méthode est sûre, et l'ortolan devient si gras qu'il ne manquerait pas d'en mourir si on ne prévenait cette fin morbifique en le sacrifiant à l'avidité des gourmands. Quand on a bien choisi le moment de le tuer, il est entouré de petits pelotons de graisse d'une délicatesse exquise. Le mot *ortolan* est passé en proverbe pour exprimer un repas appétissant et délicat.

L'ortolan, moins gros que le moineau franc, a d'ailleurs avec lui beaucoup de points de ressemblance.

L'HIRONDELLE.

De tous les oiseaux, l'hirondelle est celui pour lequel le vol est le plus nécessaire; c'est pour ainsi dire son état le plus ordinaire : elle mange en volant, donne la pâture à ses petits en volant, se baigne aussi dans son vol, et il faut expliquer cette habitude constante par l'extrême facilité avec laquelle elle parcourt l'air: ce n'est point pour elle une fatigue, et elle exécute mille circuits, mille voltes par une simple inclination de l'aile et sans un mouvement très-marqué.

Elle sent que l'air est son domaine, et on dirait qu'elle éprouve un plaisir réel à en parcourir toutes les dimensions; ce qu'elle fait en laissant échapper un petit cri de gaieté. Quand

elle donne la chasse aux insectes volans, c'est
encore en décrivant dans l'air des spirales très-
compliquées, puis en traçant des lignes droites,
brusquement interrompues. Elle suit un insecte volant, le quitte pour un second, en saisit un troisième au même moment, et son
adresse est dans cette chasse de niveau avec
son agilité. Elle met à défendre sa vie, contre
les animaux de proie, la même promptitude
qu'à poursuivre elle-même le butin. C'est un
cerf poursuivi par des chiens; au moment où
on la croit prise, elle part d'un nouveau coup
d'aile, et revient brusquement sur ses pas,
avant que son ennemi se soit rendu compte
du mouvement qui l'a sauvée d'une mort certaine.

L'hirondelle est assurément un de ces oiseaux
voyageurs, que l'on désigne encore sous le
nom d'oiseaux de passage. Long-temps on a
discuté sur cette question : *l'hirondelle émigre-t-elle* pendant l'hiver, ou se cache-t-elle
dans le pays même, pour se mettre à l'abri du
froid? en ce moment les naturalistes sont d'accord, et, après des discussions nombreuses, et
la publication de mémoires très-savans, il est
reconnu que l'hirondelle émigre tous les ans.
Le célèbre Laîné a été d'une opinion contraire,
et l'on sait combien l'autorité d'un homme si

recommandable a pu   former d'opinions à ce sujet.

Lorsqu'on admettait que les hirondelles ne sortaient point du pays où elles passent la belle saison, on imaginait, afin de les soustraire aux atteintes de l'hiver, que leur corps était saisi aux premiers froids d'une sorte d'engourdissement, qui devenait complet, lorsque, pour se mettre à l'abri de la rigueur de la saison, elles se plongeaient au fond des eaux, dans la vase : il n'était pas plus difficile de supposer qu'elles en sortaient, lorsque la chaleur était revenue; et c'est ce qu'on n'a pas manqué de faire. Il y avait quelques observations de citées à l'appui de cette opinion, et des pêcheurs étaient présentés comme témoins du fait, qui avaient trouvé dans les lacs, et retiré, au moyen d'un filet, des hirondelles, qui, placées devant le feu, avaient donné tous les signes d'une véritable résurrection. L'erreur fut admise comme vérité, et, accréditée, elle devint bientôt un préjugé populaire. D'autres, moins hardis dans leurs hypothèses, imaginaient, ou plutôt avaient observé, que chaque hiver on trouve le long des côtes, et dans des roches caverneuses, des hirondelles attachées le long des murailles dans une suspension qui semble annoncer un repos léthargique. Ils conclurent que toute la race en faisait autant, et à la place de l'immersion, de l'émigration, ils admettaient le recèlement. Les uns et les autres étaient loin de la véritable explication, qui seule peut résoudre cette question : l'hirondelle émigre-t-elle ? Les premiers s'étaient, au reste, beaucoup plus mépris, parce qu'ils prenaient un accident pour une loi de nature; et que les hirondelles qu'ils retiraient des eaux, y étaient tombées par accident, et se trouvaient dans un état d'asphyxie. Les seconds avaient observé, mais encore un cas particulier; et parce qu'il arrive que quelques hirondelles trop faibles pour chercher d'autres rivages, ou trop vieilles pour entreprendre des émigrations pénibles, restent parfois dans les rochers qui bordent nos côtes, il ne fallait pas prétendre que toutes les hirondelles en faisaient autant.

L'hirondelle cherche donc une saison plus chaude sur l'autre continent : ce qui est à remarquer, c'est qu'elle sent le besoin d'un vent propice, et que tant que le souffle de celui-ci est contraire, elle se garde de se mettre en route. Il est même probable qu'à moitié de la traversée, lorsqu'elle est surprise par les vents opposés, elle fatigue; et que souvent, lorsqu'elle ne rencontre aucun vaisseau, elle est engloutie par les flots.

La cause réelle de l'émigration est le besoin de nourriture, au moins est-on porté à le juger de cette manière, quand on compare l'époque du départ de chaque famille d'oiseaux, et l'espèce d'alimens à l'aide desquels elle soutient sa vie : les insectes ailés sont les premiers qui disparaissent, dès que l'été est fini; les oiseaux qui vivent d'insectes voltigeans, quittent nos pays au jour même de cette disparition. Les insectes terrestres se trouvent plus long-temps; ceux qui s'en nourrissent partent plus tard : enfin, ce n'est qu'au commencement de l'hiver que ceux qui vivent de baies et de graines, se déterminent au voyage.

C'est au cap de Bonne-Espérance que relâchent presque toutes les passes d'hirondelles; il en est en cet endroit de sédentaires, mais en très-petit nombre, comme il est facile d'en juger à l'époque où cessent les émigrations.

L'OUTARDE.

Avec une force réelle, et un corps d'une assez grande dimension, l'outarde est d'une incroyable pusillanimité. Elle craint tout ce qui lui est inconnu, et les animaux même les plus innocens l'effrayent autant que le chien qu'on lance à sa poursuite, et qu'elle devrait redouter davantage comme chasseur : il n'est point d'animal, si petit qu'il soit, qui ne puisse l'attaquer avec succès, dès qu'il entreprend de le faire. S'il la blesse, elle mourra de peur bien plutôt que des blessures. Il n'est qu'un animal que l'outarde ne craigne pas, c'est le cheval; elle vole toujours à sa rencontre, et sans réfléchir qu'elle trouve dans sa fiente les graines dont elle a besoin, on a supposé une sympathie entre ces deux animaux, sans penser d'abord que leur conformation, leurs habitudes, les éloignaient trop, pour qu'un tel rapprochement fût possible.

Quand l'outarde est poursuivie, comme elle n'a d'autre défense que la fuite, elle s'y livre tout entière; et réunissant tous ses moyens pour l'accélérer, elle parcourt plusieurs milles de suite sans s'arrêter. Les renards, au lieu de les prendre à la course, trouvent plus commode de les attirer par la ruse jusque dans leurs pattes. Ils se couchent contre terre, et dressant leur queue, à laquelle ils cherchent à donner les inflexions naturelles au cou d'un oiseau, ils attendent l'outarde, qui croyant voir un oiseau de son espèce, ne tarde point à les joindre : alors ils se détournent brusquement, et la dévorent.

En automne, les outardes se rassemblent

au nombre de cinquante ou soixante, et partent pour les pays méridionaux. On la trouve en Libye, en Syrie, en Grèce, en Espagne, et en France, dans les plaines du Poitou et de la Bretagne Pouilleuse.

LE PIGEON.

Le pigeon était fier et indépendant, il est aujourd'hui domestique ; mais, s'il a perdu des avantages inappréciables, la liberté et le droit d'élire sa demeure, il a obtenu en revanche des douceurs qui doivent plaire sans doute à un animal aussi glorieux de son plumage, aussi satisfait en apparence des soins qu'on lui donne : son colombier est disposé convenablement à ses habitudes, et il y trouve tout ce qu'il serait obligé, dans l'état sauvage, de construire pour la ponte, et de plus des grains en abondance.

Ce qui, plus encore que tout autre bénéfice de sa servitude, doit la faire chérir au pigeon, c'est le temps considérable qui lui reste pour sacrifier à l'amour, lorsqu'il n'a plus à chercher le soutien de sa vie et qu'il est sans crainte, comme sans inquiétude. C'est aussi dans les caresses qu'il donne à sa compagne et qu'il reçoit d'elle que se passe toute l'année. Il élève ses petits, consent à couver à son tour, afin de délivrer sa femelle de ce soin dès qu'elle en paraît fatiguée ; et jamais le plus léger mouvement d'humeur, jamais une querelle ne vient troubler la paix et l'union conjugale chez ces animaux. Pourquoi tant d'accord ? Parce que les plaisirs et les charges sont également répartis.

Dès le temps des Grecs, on connaissait les pigeons de volière : Pline en fait aussi mention. Il parle des curieux qui achetaient à un prix très-élevé de beaux pigeons de Campanie, et qui se plaisaient à raconter à leurs amis leur généalogie : des tours placées au-dessus du toit de leurs maisons étaient la demeure habituelle de ces pigeons domestiques, véritables oiseaux de volière, beaucoup plus privés que ceux qui vivent dans nos colombiers.

On raconte, en France, qu'à l'époque où le tirage des loteries avait lieu à Paris avant que la clôture des mises fût prononcée en province, des spéculateurs qui ne voulaient jouer qu'à coup sûr mettaient sous l'aile d'un pigeon les numéros sortis, et le lançaient vers sa femelle, qui se trouvait dans une des villes les plus voisines de la capitale. Un associé recevait la liste au moyen de ce messager, et faisait sa mise en conséquence.

Dans les colombiers du Caire, on avait long-temps auparavant usé du même moyen : des pigeons mâles, séparés de leurs femelles, étaient envoyés vers les villes dont on voulait avoir des nouvelles ; on les lâchait de ces villes, après les avoir fait bien manger, afin qu'ils ne s'arrêtassent point en route, et on leur attachait sous l'aile les tablettes sur lesquelles se trouvait la nouvelle demandée.

Le pigeon est en état de produire à huit ou neuf mois d'âge ; mais il n'est en pleine ponte qu'à sa troisième année. Cette pleine ponte dure jusqu'à ce qu'il ait atteint six ou sept ans ; après quoi les pontes diminuent, et deviennent de plus en plus rares : c'est vers la neuvième et dixième année qu'ils arrivent à la stérilité. Quelques-uns cependant produisent quelquefois jusqu'à douze ans. La femelle couve pendant dix-sept jours en été et dix-huit jours en hiver. L'attachement de la femelle à ses œufs est si grand, si constant, qu'elle souffre les incommodités les plus grandes, les douleurs les plus vives, plutôt que de les quitter. Une femelle dont le panier avait été placé trop près de la fenêtre de la volière, ne quitta sa couvée que lorsque ses petits furent éclos, bien que ses pattes gelèrent et tombèrent par l'excès du froid.

Il est une remarque assez singulière qu'il est facile de faire en fréquentant un colombier ; c'est que le pigeon, non-seulement défend ses œufs, mais ceux de ses voisins, et qu'il reste très-indifférent sur le sort des pontes qui sont sur un autre côté. Il semble que plusieurs, réunis dans une même partie de l'appartement, fassent entre eux un traité d'alliance défensive.

Les pigeons sauvages sont à ranger parmi les oiseaux voyageurs. C'est ordinairement en Afrique qu'ils vont passer l'hiver, ils s'y rendent par l'Espagne.

Autant le pigeon, dans l'état de liberté, est actif et prévoyant, autant il devient paresseux en servitude. On a vu des pigeons domestiques accoutumés à recevoir de la main de l'homme une nourriture toute préparée, préférer mourir d'inanition plutôt que de quêter leur subsistance.

LA CAILLE.

La caille peut très-bien résister au froid, et cependant elle est de tous les oiseaux voyageurs celui qui a les jours de son départ réglés de la manière la plus certaine. Les cailles passent constamment à Malte vers le mois de mai et y repassent au mois de septembre quand les vents les secondent ; car, d'un vol assez lourd, elles ont besoin d'être soutenues par des courans protecteurs, autrement elles sont contraintes à se réfugier sur les bâtimens ou à se laisser choir dans les flots. C'est en Afrique, c'est en Asie qu'elles vont chercher la chaleur. Au moment de l'émigration, les côtes de l'Archipel sont couvertes d'une quantité innombrable de ces oiseaux, et vers la fin du printemps, qui est l'époque de leur arrivée, il en tombe une multitude si prodigieuse sur les côtes occidentales du royaume de Naples, aux environs de *Kettuno*, que, sur une étendue de terrain de quatre à cinq milles, on en a pris en un seul jour jusqu'à cent milliers. Alors les chasseurs les abandonnent à huit francs le cent à des facteurs qui en expédient pour Rome où elles doublent aussitôt de valeur..

En Angleterre seulement, les cailles ne font que changer d'exposition, et c'est le plus petit nombre qui se décide à quitter entièrement l'île.

LA DEMOISELLE DE NUMIDIE.

Depuis plus de deux mille ans, les naturalistes ont désigné cet oiseau sous les noms de bouffon, de danseur, d'histrion. Ils se sont imaginé, et nous n'oserons décider ici jusqu'à quel point leur observation a été exacte, que cette espèce de hibou a dans ses gestes toute l'afféterie d'une femme coquette qui veut déployer ses grâces et essayer quelques pas de danse. Aristote lui a donné le nom de bateleur, et a dit de lui, qu'il contrefait ce qu'il voit faire. Pline le Naturaliste regarde l'existence de cet animal comme fabuleuse, et le classe au rang des sirènes et des griffons. M. de Buffon, après avoir relevé avec soin toutes les descriptions que les anciens nous ont transmises à ce sujet, croit, et avec fondement, sans doute, que la *Demoiselle de Numidie* n'est autre que le hibou que nous nommons le *Moyen-Duc*. En admettant ce raprochement, on expliquera les épithètes singulières que les anciens ont données au moyen-duc par cette trépidation continuelle à laquelle est sujet cet oiseau comme tous ceux du même genre. Deux moyen-ducs étant placés vis-à-vis l'un de l'autre, sembleront en effet danser, se balançant chacun tantôt sur un pied et tantôt sur l'autre. Ces mouvemens bouffons appartiennent à presque tous les oiseaux de nuit, et ces récits extraordinaires se réduisent à des tournemens de cou, une contenance étonnée, des craquemens de bec, des mouvemens dans les digitations des pattes, dont une est toujours en mouvement, tantôt en avant et tantôt en arrière.

Tout le merveilleux débité sur le compte de ce hibou est venu de ce que les naturalistes, comme les voyageurs, copient souvent ce qu'a dit un prédécesseur, à défaut d'observations qui leur sont propres et qu'ils ajoutent dans ce cas quelque fait nouveau à ceux déjà publiés, afin de passer pour avoir fait faire un pas à la science.

LE HOCCO.

Cet animal, paisible et sans défiance, est susceptible de familiarité et d'attachement. Sans peine il s'accommode avec les autres oiseaux domestiques, et il est difficile d'imaginer à la fois plus d'intelligence et plus de soumission. Pendant le jour il s'écarte de l'habitation, fait même de très-longues courses; mais il revient le soir, heurte à la porte avec son bec pour se la faire ouvrir, et tire les domestiques par leur habit dès qu'ils oublient de le soigner ou de lui offrir sa nourriture accoutumée. Enfin, il reconnaît son maître, éprouve pour lui un véritable attachement, et après avoir montré une vive inquiétude de son absence, il manifeste la joie la plus vive à son retour. Des mœurs aussi sociables, lorsque l'animal n'est point stupide, dénotent chez lui un grand fond d'instinct. Que le dindon, qui a quelque ressemblance avec le hocco, soit doux et soumis, il lui est impossible de se rebeller contre l'homme. Il manque de tout moyen de défense, et même il est trop lourd pour se soustraire à l'esclavage par la fuite ; mais le dindon ne peut calculer sa domesticité, c'est un état dans lequel il est né, dans lequel il reste sans le sentir, tandis que le hocco peut mettre en balance et son existence soumise à l'homme, et celle dont il jouirait dans la solitude des forêts. S'il se décide pour le premier genre de vie, il faut lui en savoir gré, car il a réfléchi avant de prendre un parti.

C'est dans le Brésil, au Pérou, à Cayenne, que le hocco se rencontre le plus fréquemment. De la grosseur de notre dindon, il est dans des proportions mieux calculées. Son plumage est noir et sa tête surmontée d'une huppe noire et blanche qui ressemble au cimier d'un casque.

LA PIE.

La pie, cet oiseau domestique, le bouffon du petit peuple, que Lafontaine et le langage familier ont appelée *margot*, est habile à contrefaire la voix des autres animaux et la parole de l'homme. Comme le corbeau, elle est très-portée au vol, et fait de nombreuses provisions, ayant soin de séparer dans ses magasins, et les alimens et les objets qu'elle a pris pour ses plaisirs, les métaux travaillés ou les géodes, enfin tout ce qui brille aux yeux. Le théâtre a tiré parti d'un fait qui a pour motif cette singulière habitude, et un drame en musique représenté à la Porte Saint-Martin, a rendu populaire le procès célèbre de la *Pie voleuse*.

Le travail auquel se livre la pie pour attacher son nid au sommet des plus hauts arbres, et le soin avec lequel elle le construit, méritent d'être remarqués. Aidée de son mâle, elle le fortifie extérieurement avec des bûchettes flexibles et du mortier de terre gâchée : puis elle le recouvre d'une enveloppe extérieure fermée à claire-voie par des petites branches pourvues d'épines, et ce n'est que du côté le mieux défendu par les localités, du côté où l'accès est le moins facile, qu'elle réserve une ouverture, assez petite encore pour qu'elle ne puisse y passer qu'avec difficulté. Tout le travail offre un diamètre de deux pieds environ, tandis que le nid proprement dit, la partie sur laquelle les petits reposent, le matelas enfin, n'a que six pouces de diamètre. Rien n'est plus moëlleux, ni plus chaud que ce coussin orbiculaire, formé de la laine des quadrupèdes et du duvet de plusieurs graines. Toute cette construction cependant se fait en un seul jour, et à peine si le mâle et la femelle, tant ils mettent d'ardeur et d'ordre dans cette occupation, ont besoin le jour suivant d'y ajouter quelque chose. Si ce nid est dérangé, de suite ils en construisent un second; si quelque pierre lancée par la main de l'homme porte encore dommage à celui-ci, ils s'établissent dans un troisième. Ils transportent leurs œufs de l'ancienne dans la nouvelle demeure, entre leurs doigts, ou, comme l'assure Pline, sur leur cou; les ayant attachés avec un corps gommeux et en poids égal aux deux extrémités d'une bûchette, ils passent la tête dessous celle-ci et l'enlèvent dans un parfait équilibre. Tant de précautions ne sauraient calmer la pie et rendre sa tendresse confiante. Elle est sans cesse au guet, et le moindre bruit, la chute d'une feuille, éveille ses soupçons et la remplit de crainte. Si une corneille approche de son nid, elle vole à sa rencontre en poussant de grands cris, et la harcelle jusqu'à ce qu'elle soit contrainte à prendre une autre route. Si l'homme passe au pied de l'arbre où séjourne sa couvée, elle suit tous ses mouvemens; et même on raconte à cette occasion un fait prouvé par des remarques nombreuses et qui n'est point sans intérêt. Une pie qui voit entrer un homme dans une hutte construite au pied de l'arbre où est son nid, se pose sur une branche voisine de celles qui portent ses petits, et ne retourne auprès d'eux que lorsqu'elle a vu l'homme sortir de la hutte. Si on a voulu la tromper en entrant deux dans la cabane tandis qu'un seul en sort, elle s'en aperçoit très-bien, et ne rentre elle-même que lorsqu'elle a vu sortir et s'éloigner le second; il en est de même pour trois, pour quatre, et même pour cinq, et ce n'est que lorsqu'ils sont six, que le sixième peut à son insu ne pas sortir; l'appréhension nette du coup d'œil de l'homme ne s'étend pas beaucoup plus loin : à moins d'une réflexion qui le porte à prendre note exacte du nombre de ses ennemis, il oublierait également ment le sixième, ne les ayant d'ailleurs aperçus qu'à une certaine distance.

La pie domestique met beaucoup d'amour

propre à bien répéter les leçons qu'on lui donne, et on en a vu mourir de dépit lorsque leur langue se refusait à la prononciation d'un mot nouveau.

Plutarque rapporte qu'une pie, très-causeuse, ayant entendu les fanfares d'un corps de cavalerie, devint muette au même instant, et que ce ne fut que quelques jours après qu'elle répéta, au grand étonnement de tous ceux qui l'entouraient, les airs joués par les trompettes, avec une parfaite ressemblance dans les tons, et les différentes modulations, que pendant le temps de son mutisme, elle avait sans doute repassés dans sa mémoire.

LE JACARINI.

Observé par Sonini, à la Guyanne, le jacarini, qui se tient ordinairement sur l'arbre qui produit le café, a offert un phénomène assez singulier, et qui semblerait lui mériter beaucoup plus justement le surnom de *bateleur*, qu'à la demoiselle de Numidie. Cet oiseau s'élève au-dessus de la branche sur laquelle il s'est d'abord perché, puis ne faisant aucun mouvement, il se laisse tomber d'un ou deux pieds de haut, jusqu'à ce qu'il la rencontre. Il vole de nouveau, toujours dans une direction

verticale, ploie ses ailes, retombe, s'accroche à la branche, et recommence ces sauts,
qu'il accompagne d'un petit cri de plaisir, jusqu'à ce que sa femelle, à laquelle il semble
donner le spectacle, vienne le joindre après
l'avoir long-temps encouragé par sa présence,
et l'arrache à cet exercice par ses agaceries et
ses caresses.

L'OISEAU SILENCIEUX.

Toujours seul, au fond des bois les plus déserts, cet oiseau est sans ramage, et on ne l'a
même jamais entendu pousser un cri : nous ne
connaissons aucun fait qui puisse faire soupçonner en lui quelque instinct ; mais nous sommes
portés à lui en supposer beaucoup, regardant
cet extrême silence comme une preuve de
réflexion, comme une prédisposition à la sagesse. Voilà sans doute une idée bizarre ; mais
dont quelques - uns de nos lecteurs pourront
tirer, pour leur conduite, un conseil utile.

LE ROSSIGNOL.

Ce chantre des bois, répandu dans presque
toute l'Europe, est certainement le premier
des musiciens qu'ait formés la simple nature.

L'homme, l'homme seul produit des effets plus variés avec le secours de l'art; mais le roi des animaux, cet être de prédilection, aidé même de toutes ses méthodes, n'a pu parvenir à rendre le chant du rossignol, à le noter; et bien que toutes les parties des concerts de cet oiseau se tiennent par des transitions, par des liaisons admirables, il n'en a fait sur la flûte qu'un tout discordant, et bien éloigné du chant naturel. Nous nous bornerons à transcrire le passage suivant, dans lequel M. de Montbeillard, en rendant compte des sensations que lui a fait éprouver le chant du rossignol, se montre aussi habile écrivain qu'observateur fidèle.

« Il n'est point d'homme bien organisé à qui ce nom ne rappelle quelqu'une de ces belles nuits de printemps, où le ciel étant serein, l'air calme, toute la nature en silence, et pour ainsi dire, attentive, il a écouté avec ravissement le ramage de ce chantre des forêts. On pourrait citer quelques autres oiseaux chanteurs, dont la voix le dispute à certains égards à ce le du rossignol; les alouettes, le serin, le pinson, les fauvettes, la linotte, le chardonneret, le merle commun, le merle solitaire, le moqueur d'Amérique, se font écouter avec plaisir, lorsque le rossignol se tait : les uns ont d'aussi beaux sons, les autres ont le timbre aussi pur et plus doux, d'autres ont des tours de gosier aussi flatteurs; mais il n'en est pas un seul que le rossignol n'efface par la réunion complète de ces talens divers, et par la prodigieuse variété de son ramage; en sorte que la chanson de chacun de ces oiseaux, prise dans toute son étendue, n'est qu'un couplet de celle du rossignol; le rossignol charme toujours, et ne se répète jamais, du moins jamais servilement; s'il redit quelque passage, ce passage est animé d'un accent nouveau, embelli par de nouveaux agrémens; il réussit dans tous les genres; il rend toutes les expressions, il saisit tous les caractères; et, de plus, il sait en augmenter l'effet par les contrastes. Le coryphée du printemps se prépare-t-il à chanter l'hymne de la nature, il commence par un prélude timide, par des tons faibles, presque indécis, comme s'il voulait essayer son instrument et intéresser ceux qui l'écoutent; mais ensuite prenant de l'assurance, il s'anime par degrés, il s'échauffe, et bientôt il déploie dans leur plénitude toutes les ressources de son incomparable organe : coups de gosiers éclatans, batteries vives et légères; fusées de chant, où la netteté est égale à la volubilité; murmure intérieur et sourd qui n'est point appréciable

à l'oreille, mais très-propre à augmenter l'é-
clat des tons appréciables; roulades précipi-
tées, brillantes et rapides, articulées avec force,
et même avec une dureté de bon goût; accens
plaintifs, cadencés avec mollesse, sons filés
sans art, mais enflés avec âme; sons enchan-
teurs et pénétrans; vrais soupirs d'amour et de
volupté, qui semblent sortir du cœur, et font
palpiter tous les cœurs; qui causent à tout ce
qui est sensible, une émotion si douce, une
langueur si touchante : c'est dans ces tons pas-
sionnés que l'on reconnaît le langage du sentiment qu'un époux heureux adresse à sa compagne chérie, et qu'elle seule peut lui inspirer,
tandis que dans d'autres phrases plus éton-
nantes peut-être, mais moins expressives, on
reconnaît le simple projet de l'amuser et de lui
plaire, ou bien de disputer devant elle le prix
du chant à des rivaux jaloux de sa gloire et de
son bonheur.

» Ces différentes phrases sont entremêlées
de silences, de ces silences qui, dans tout
genre de mélodies, concourent si puissamment
aux grands effets; on jouit des beaux sons que
l'on vient d'entendre, et qui retentissent encore dans l'oreille; on en jouit mieux, parce
que la jouissance est plus intime, plus recueillie, et n'est point troublée par des sensations

nouvelles; bientôt on attend, on désire une
autre reprise : on espère que ce sera celle qui
plaît; si l'on est trompé, la beauté du morceau que l'on entend ne permet pas de regretter celui qui n'est que différé, et l'on conserve
l'intérêt de l'espérance, pour les reprises qui
suivront. »

L'IBIS.

L'homme a besoin de dieux qu'il puisse
voir, mais de dieux qui ne parlent pas. Si on
ne lui offre qu'une pure essence, un être exis-
tant, sans doute, mais à cause de l'éloignement
où il est de lui, seulement intellectuel pour son
esprit, il refuse de s'occuper d'une idée abs-
traite, s'il ne refuse pas même de le reconnaître. Un dieu qui parlerait, et ne serait, comme
tous ceux qu'il a tour à tour adorés, qu'un dieu
de convention, ne tarderait pas, par la faiblesse attachée à l'humanité, à tomber dans
quelque erreur, et à se démasquer lui-même :
il faut à l'homme, pour lui représenter Dieu,
pour qu'il ait un motif de culte, des statues,
des ognons, des animaux, des dieux enfin
qu'il voie, et qui ne puissent communiquer
avec lui.

C'est dans cette nécessité qu'il faut chercher

le motif de l'adoration, dont l'ibis a été l'objet chez les Égyptiens ; et si on veut remonter jusqu'aux causes qui ont fait choisir cet oiseau de préférence à tout autre, il faut se reporter à ce temps dont parle Hérodote : *où des essaims de petits serpens venimeux, sortis des marais, avaient envahi une partie de l'Égypte ; fléau que la chaleur du climat rendait indestructible, en aidant la fécondation, et qui eût infailliblement causé la ruine de l'Égypte, si les ibis ne fussent venus à sa rencontre pour en délivrer la terre.* Trop rares sont encore les superstitions ridicules, qui, comme celle-ci, ont pour origine la reconnaissance. L'erreur est plus pardonnable, quand elle a pour motif une vertu.

On retrouve l'ibis dans tous les monumens de l'Égypte : c'est la figure nécessaire de toutes les phrases hyéroglifiques. Les ibis étaient sacrés, inviolables ; et l'Égyptien coupable d'attentat contre la vie d'un ibis, était puni de mort à l'instant même.

Aujourd'hui l'ibis, bien déchu de sa gloire passée, sert d'ornement à la boutique de quelques-uns de nos apothicaires, et c'est comme inventeur du clystère, qu'il tient cette place honorable. Des historiens dignes de croyance ont assuré que cet oiseau, dont le bec est ex-

trêmement long, l'emplit d'eau, ainsi qu'une
partie de l'arrière-bec, et qu'en ayant introduit l'extrémité pointue dans le *rectum*, il chasse
cette eau, qu'il prend de préférence salée,
dans le conduit intestinal, au moyen d'une
très-forte expiration. L'ibis répète cette opération de pharmacie, toutes les fois qu'il a mangé
quelque substance d'une digestion difficile.

VI.ᵉ PL. — OVIPARES, SERPENS
ET INSECTES.

DES OVIPARES

ET DES SERPENS.

Les quadrupèdes rangés sous cette dénomination produisent leurs petits, comme les oiseaux, en pondant ; et ces œufs, bien que différens de ceux des oiseaux, par la mollesse ordinaire de leur enveloppe, en ont la forme, et sont aussi quelque temps après la ponte avant de produire l'animal dont ils renferment le fœtus. De-là est venu le nom d'ovipares, qui vient des deux mots latins *parere*, enfanter, et *ova*, œufs.

Cette classe d'animaux nous a fourni peu d'exemples remarquables du genre de ceux que nous rassemblons, et cela tient à ce que la plupart ont une circulation lente, froide, qui leur interdit un grand nombre d'actes permis aux autres quadrupèdes. Ils offrent bien les mêmes sens que l'on remarque chez les animaux que nous avons déjà observés, sauf la vue, qui est à un degré si faible de perfectionne-ment, que leur intelligence n'a pu être que très-bornée.

Quelques ovipares habitent des endroits secs, élevés ; mais le plus grand nombre s'établit sur le bord des eaux et au fond de cavernes humides.

Ils peuvent rester très-long-temps sans pren-dre de nourriture , et le crocodile peut vivre une année entière sans manger. Comme les animaux maîtres de leur appétit, ils sont l'hiver dans un état d'engourdissement dont la chaleur peut seule les faire revenir.

L'animal qui a une vie lente, en use moins vite les ressorts. Les ovipares vivent très-long-temps.

Les serpens, les reptiles ont avec les qua-drupèdes ovipares les plus grands rapports. La vie, chez quelques-uns d'entre eux, paraît cependant plus active. Une différence remar-quable les fait ranger d'ailleurs dans une di-vision séparée, c'est l'absence des pattes et la faculté de se diriger par l'application des an-neaux qui composent leurs corps, les uns sur les autres, et leur déploiement successif.

Les serpens, moins actifs que les animaux des premières classes, pourvus de sens moins étendus, moins parfaits, ont aussi moins d'intelligence et moins d'industrie.

LA CAOUANE.

Cette espèce de tortue marine est remarquable par un corps ovalaire et trois rangées d'écailles, dont celles moyennes sont plus relevées en bosse, et dont toutes sont environnées de dentelures très-aiguës. Sa couleur est d'un jaune brillant, parsemé de taches noires ; et ses pieds, très-alongés, ressemblent à des nageoires, tant ils sont garnis de membranes. Ceux de devant sont moins larges et beaucoup plus longs que ceux de derrière.

La caouane, plus forte que les autres tortues, a l'air plus fier, plus belliqueux, et paraît aussi plus vorace. Elle a besoin d'une nourriture plus substantielle que les plantes marines ; et ce besoin la rend industrieuse, et la porte à mettre en œuvre les moyens d'attaquer avec avantage des animaux beaucoup plus forts qu'elle. Elle va jusqu'à détruire le crocodile ; mais le moyen dont elle se sert pour le combattre avec supériorité, est très-ingénieux : elle l'attend dans les chemins creux situés le long du rivage, et dans lesquels il ne peut se retourner dès qu'il s'y trouve engagé.

Elle le prend alors par derrière, et n'ayant plus à redouter ses terribles mâchoires, elle lui dévore une partie de la queue pour son premier repas.

La caouane a presque autant de courage que d'adresse ; et quand elle est attaquée, elle mord avec opiniâtreté, et se débat sans calculer la force de son ennemi, ni les dommages qui peuvent en résulter pour elle. L'homme appelle sa bravoure méchanceté, et ce n'est pas la première fois que, jugeant toutes choses relativement à ses goûts, à ses besoins, il a qualifié d'une expression injurieuse une légitime défense. Il est le roi du globe, mais bien souvent ce roi est un tyran.

LA TORTUE BOURBEUSE.

C'est l'espèce qui naît, habite et meurt dans les eaux douces, qui, plus petite que tous les autres genres de la même famille, a l'aspect d'un lézard qui serait couvert d'un bouclier écailleux.

On la trouve non-seulement dans les climats tempérés et chauds de l'Europe, mais encore en Asie, au Japon, dans les grandes Indes, etc. C'est à terre qu'elle passe l'automne, dans une fosse ou trou qu'elle a eu soin de creuser avant d'être absorbée par cet état de torpeur qu'elle prévoit sur le point de s'emparer d'elle. Au printemps elle change d'asile et passe tout le temps dans l'eau, à la surface de laquelle elle s'étend dès que le soleil vient l'échauffer de ses rayons. Pendant l'été elle est le plus souvent à terre ; elle y dépose constamment ses œufs, dans un trou en exposition favorable par rapport au soleil, et qu'elle prend soin de creuser elle-même.

Dans les jardins, elle peut devenir domestique, et rend les plus grands services au propriétaire ; car, sans lui faire payer ses soins par le moindre dégât, elle chasse tous les insectes et surtout le limaçon. Son voisinage ne devient nuisible qu'à celui qui possède des étangs, qu'elle ne tarderait pas à dépeupler entièrement. Participant de l'adresse de toute la famille pour atteindre le poisson et s'en nourrir, elle n'est point effrayée par sa grosseur, et supplée à la force par la ruse : elle plonge et remonte sous le milieu du ventre du poisson qu'elle veut immoler à son appétit. Elle lui ouvre le côté par une morsure cruelle, et ne l'abandonne que lorsqu'il a perdu une assez grande quantité de sang pour ne pouvoir plus lui résister : alors elle l'entraîne au fond des eaux, et, dans son avidité, elle n'épargne que les arrêtes.

Une espèce de la même famille, qui n'habite que la terre, et pour laquelle le poids de l'écaille doit être plus sensible, puisqu'il n'est point allégé par l'eau, c'est la tortue grecque ou tortue terrestre, qui est fréquente sur le sol de la Grèce, et qui se trouve également dans quelques contrées tempérées de l'Europe.

Sans industrie et n'ayant d'intelligence que la somme accordée aux tortues en général, elle a offert, mise en expérience par Rédi, un fait assez remarquable pour que nous ne le passions pas sous silence. Ce savant naturaliste ouvrit le crâne d'une tortue grecque, et enleva toute la masse cérébrale, ayant même soin d'essuyer l'intérieur des os : les yeux de la tortue s'éteignirent dès que l'opération fut achevée, et sa marche devint incertaine ; mais sa vie ne fut pas anéantie sur-le-champ, et ce ne fut que six mois environ après que la tortue mourut. On peut juger si un animal, à l'existence duquel le cerveau peut demeurer étranger, est capable de beaucoup d'intelligence.

LE CROCODILE.

Il est de remarque que plus l'animal semble destiné à habiter le voisinage des eaux, plus il a de grandes dimensions : comme si la nature n'avait accordé un corps lourd et difficile à porter qu'aux individus qui devaient soutenir, par la force élastique de l'eau, une portion de leur masse.

Le crocodile est un des grands modèles de la création, et tout paraît avoir été disposé chez lui pour le rendre redoutable aux autres espèces. Il a la gueule ouverte jusqu'aux oreilles, et ses mâchoires, qui ont quelquefois plusieurs pieds de longueur, et contiennent soixante et quelques dents aiguës, la plupart incisives, sont bien propres à servir ses appétits gloutons. Tout, jusqu'à sa vue, peut terrasser son ennemi : en effet, dépourvu de lèvres, il a toujours l'air de lui montrer son terrible ratelier et de menacer sa vie. Une armure impénétrable suffit à la défense de cet animal, déjà si bien armé pour l'attaque.

C'est dans l'éducation de ses petits et le soin que réclament ses œufs, que le crocodile développe quelque industrie. Quand la femelle prévoit l'époque de sa ponte, elle prépare assez près des eaux qu'elle habite un petit terrain élevé et creux dans son milieu : dans ce creux elle dépose sa ponte, après avoir eu soin de la garnir de feuilles et de débris de plantes. C'est en avril que ce travail a lieu, et il est à remarquer, comme une bizarrerie assez singulière, que l'œuf qui doit contenir un animal de forme presque gigantesque, n'est pas plus volumineux qu'un œuf de poule. Les petits crocodiles sont repliés sur eux-mêmes tant qu'ils restent sous cette enveloppe, et ils n'ont que cinq ou six pouces quand ils s'en débarrassent. A peine éclos, les petits courent se jeter dans l'eau où ils trouvent plus d'alimens et un refuge contre les chasseurs.

Aussi rusé que cruel, le crocodile las d'attendre dans une immobilité parfaite que les courans lui apportent quelque proie, se décide souvent à l'aller chercher ; alors il attaque les béliers, les taureaux, enfin de préférence les animaux les plus grands. Il plonge, et nageant entre deux eaux, il vient surprendre l'animal en dessous et lui ouvre les entrailles, ou parfois encore il le saisit par les jambes, se met à nager avec une vitesse extrême, et l'entraîne au milieu de l'eau où il parvient aisément à le noyer.

On a vu des crocodiles se dresser contre de

petits bâtimens, et pénétrant la nuit sur des canots dont les marins étaient endormis, les mettre tous à mort et en faire un seul repas après les avoir coupés par morceaux.

Il n'est pas étonnant que les Egyptiens aient adoré un petit animal connu sous le nom de *rat du Nil*, et qui les délivrait de ce redoutable ennemi.

LE LÉZARD GRIS.

Nous avons avancé en principe et c'est, nous le croyons au moins, une idée vraie, que plus l'animal est sociable, plus il a d'intelligence. Sa sociabilité nous a paru une preuve morale et irrécusable de la perfection de ses facultés intellectuelles. C'est en continuant d'envisager les animaux d'après cette donnée que nous classons ici le lézard gris, le plus innocent de tous, et celui que ses inclinations ont fait surnommer l'ami de l'homme. Il lui rend caresse pour caresse, et le lèche avec sa petite langue dès qu'il en reçoit un bon office. D'ailleurs son organisation très-faible ne lui permet pas de fournir une preuve physique de cette intelligence qui lui a été probablement départie avec munificence.

LE CRAPAUD.

Cet animal immonde, depuis si long-temps l'objet de notre dégoût, et qui mérite à plus d'un titre cette constante réprobation, n'est point aussi dangereux que le pense le vulgaire, et même il observe dans sa vie intérieure des convenances de société qui pourraient le relever à nos yeux, si sa masse sale et informe ne nous le rendait point irrévocablement odieux. Quelques variétés d'ailleurs sont éminemment venimeuses, et cela suffit pour que l'anathême soit prononcé contre la race entière : la prudence le veut ainsi.

Cet animal, qui ne sort de sa demeure obscure et humide que pendant la nuit, n'est cependant point incapable d'une éducation en quelque sorte domestique, et c'est, comme nous l'avons observé plusieurs fois, une présomption favorable en faveur de l'intelligence de l'animal que cette soumission aux volontés de l'homme.

« On cite l'exemple d'un crapaud qui a vécu trente-six ans dans la maison où il avait été élevé. Il n'y avait point acquis cette sorte d'affection que l'on remarque dans quelques espèces d'animaux domestiques, et qui était trop incompatible avec son organisation et ses mœurs, mais il y était devenu familier; la lumière des bougies avait été pendant long-temps pour lui le signal du moment où il allait recevoir sa nourriture; aussi, non-seulement il la voyait sans crainte, mais même il la recherchait. Il était déjà très-gros lorsqu'il fut remarqué pour la première fois; il habitait sous un escalier qui était devant la porte de la maison; il paraissait tous les soirs au moment où il apercevait de la lumière, et levait les yeux, comme s'il eût attendu qu'on le prît, et qu'on le portât sur une table où il trouvait des insectes, des cloportes, et surtout de petits vers qu'il préférait peut-être à cause de leur agitation continuelle; il fixait sa proie, tout d'un coup il lançait sa langue avec rapidité, et les insectes ou les vers y demeuraient attachés à cause de l'humeur visqueuse dont l'extrémité de cette langue est enduite.

Comme on ne lui avait jamais fait de mal, il ne s'irritait point lorsqu'on le touchait; il devint l'objet d'une curiosité générale, et les dames mêmes demandèrent à voir le crapaud familier.

Il vécut plus de trente-six ans dans cette espèce de domesticité; et il aurait vécu plus de temps peut-être, si un corbeau, apprivoisé comme lui, ne l'eût attaqué à l'entrée de son trou, et ne lui eût crevé un œil malgré tous les efforts qu'on fit pour le sauver. Il ne put plus attraper sa proie avec la même facilité parce qu'il ne pouvait juger avec la même justesse de sa véritable place, aussi au bout d'un an périt-il de langueur. »

Des observations faites sur ce crapaud domestique sembleraient prouver qu'on a de beaucoup exagéré ce qui a été dit sur leurs goûts sales et sur leur méchanceté.

LA COULEUVRE.

Fort innocente, la couleuvre est souvent victime de sa ressemblance avec le serpent. Une couleuvre devient très-familière, et il n'est pas sans exemple d'en avoir vu qui suivaient leurs maîtres, paraissaient les chérir et reconnaître jusqu'à leur manière de rire et de tousser. On en vit suivre le bateau dans lequel leur maître était porté, et aujourd'hui dans la Sardaigne, c'est l'élève le plus aimé de toutes les maisons, et l'animal de prédilection de toutes les dames.

LE BOIGA.

Le boiga est l'un des serpens les plus minces par rapport à sa longueur : à peine ceux que nous possédons dans la collection du Muséum d'histoire naturelle ont-ils sur une longueur de plus de trois pieds quelques lignes de diamètre. C'est une aiguille extrêmement déliée. A ces proportions très-sveltes, les boigas joignent une grande richesse de parure; aussi rien n'est-il plus curieux que de les voir se lancer avec rapidité, s'entortiller autour d'un tronc, monter, descendre et faire briller en un clin d'œil, sur les rameaux des arbres qu'ils ont choisis pour leur demeure, l'azur et l'or de leurs écailles.

Ce serpent se tient en embuscade et caché sous les feuilles. Il attend les oiseaux qu'il attire par un petit sifflement qu'ils prennent pour le chant mal prononcé de quelqu'un des leurs. Ainsi que les grands serpens, il se roule sur sa proie après l'avoir sacrifiée, et l'entortille de ses nombreux anneaux. Il l'alonge, la comprime en un très-large rouleau, précaution indispensable sans laquelle il lui serait impossible de l'avaler. Plusieurs serpens remédient par ce même procédé à l'étroitesse de leur gosier.

LE DEVIN.

Parmi les serpens, le devin tient la même place que celle du lion parmi les quadrupèdes, et de l'aigle parmi les oiseaux. Sa forme gigantesque, sa force en rapport avec ses proportions démesurées, lui assurent une domination à laquelle l'homme seul ose s'opposer; il habite les plaines sablonneuses de l'Afrique, et il est probable que cet énorme reptile, contre lequel l'armée romaine se vit contrainte d'établir un siége, n'était autre qu'un devin. Ce serpent énorme n'est pas moins à distinguer par sa force prodigieuse que par la beauté de ses écailles, et la richesse, la variété des couleurs qui les peignent. Au reste, cette robe semble différente selon l'âge et le sexe du serpent. Sa longueur est quelquefois de trente pieds. Tant de propriétés imposantes rassemblées dans le même individu, ont inspiré à plusieurs peuplades sauvages des idées de dévotion qui naissent plus souvent de l'effroi que de l'amour inspiré par l'objet du culte, et aujourd'hui il est encore au Mexique des préjugés populaires qui font du *devin* un agent surnaturel, un ministre de la vengeancé céleste. A une époque antérieure, des victimes humaines lui furent sacrifiées, et des prêtres barbares, la hache à la main, abattaient la tête de leurs semblables devant les autels du serpent.

Quand ce monstrueux reptile est poussé par la faim, il serait impossible de l'attaquer par le fer, et on ne parvient à l'arrêter dans sa marche, qu'en incendiant toute la campagne. Les hautes herbes désséchées, les broussailles s'enflamment, et le devin a regagné bientôt, en poussant un sifflement affreux, la solitude du désert.

Le devin fait preuve d'une rare intelligence, en appréciant, d'une manière exacte, la force de la proie qu'il veut immoler : aussi, lorsqu'il la croit redoutable, il n'approche point par degrés, il se précipite dessus de loin, et par quelques replis, l'entortille et l'étouffe. On entend, lorsqu'il les saisit de la sorte, craquer les os de ses victimes, qui poussent des cri horribles.

L'homme cependant aborde ce monstre, pendant qu'une digestion laborieuse le tient dans un état de torpeur, et lui passe au cou le lac qui doit l'étrangler.

DES POISSONS.

Nous n'essayerons pas de déterminer quelles différences existent entre la circulation du sang chez les poissons, et chez les animaux qui occupent la terre et l'air; nous ne tiendrons pas compte des empêchemens qui doivent résulter pour leur industrie, du milieu même qu'ils habitent, de l'absence presque générale de membres qui puissent saisir, et nous nous contenterons, sans entrer dans tous ces détails, qui nous conduiraient à des raisonnemens de physiologie et de physique, bien trop au-dessus du genre de cet ouvrage, par leur gravité, de faire admirer combien le Créateur est au-dessus de ses œuvres, et comment, par les moyens les plus simples, il remédie aux obstacles qui seraient les plus insurmontables, s'ils étaient opposés à l'homme.

Des masses considérables d'eau semblaient devoir se pétrifier, et porter dans tout le globe la désolation et la mort. L'agitation des vagues, et un peu de sel, a remédié à cette cause effrayante de destruction.

Mais cette masse d'eau salée, quelque préparation que l'homme lui fasse subir, ne peut lui servir de boisson : c'était donc une quantité d'eau qui fût restée stérile, un espace considérable, plus de la moitié du globe sacrifié. Dieu créa les poissons, et par un mystère qu'il appartient à lui seul de concevoir, ces habitans de l'eau salée, qui nagent sans cesse au milieu de ses flots, qui l'avalent et la rejettent continuellement, n'ont aucune des propriétés délétères de cette eau marine, et leur chair devient un des mets les plus délicats.

Assurément si les grands poissons avaient fréquenté nos côtes, ils auraient détruit, effrayé ceux qui servaient à nous nourrir. Le Créateur, pourvoyant aux besoins de l'homme, avec une sollicitude toujours active, voulut que ces monstres marins n'osassent point approcher des côtes, dans la peur d'y échouer, et par cette conséquence de leur force, il les exila dans la haute mer, où ils ne gênent en rien notre pêche et nos repas.

LA MOULE, LA SOLE, etc.

Les poissons ont peut-être beaucoup moins d'instinct que les animaux des autres règnes, ou, pour mieux dire, ils sont tellement éloignés de nous par une organisation toute différente de la nôtre, que nous ne saurions les observer avec succès, les comprendre dans leurs relations entre eux, et que l'insuffisance de nos moyens d'observation, nous fait les accuser d'insuffisance eux-mêmes; car, il est à remarquer que l'homme n'admet jamais l'existence des choses qu'il ne peut atteindre. C'est une des preuves les plus continuelles qu'il puisse donner de son amour propre.

Au reste, les poissons émigrent à diverses époques; le départ se fait au jour fixé, et avec ordre : il est probable que ces rassemblemens ne sont pas produits par le hasard, et qu'ils sont réglés par des décisions prises en commun, et ponctuellement suivies.

Les poissons sont d'ailleurs presque tous guerriers, ce qui suppose encore un calcul, et une certaine industrie.

La moule se tient en embuscade sur le gravier : elle entr'ouvre ses écailles, et dès qu'un petit crabe, qui ne connaît pas le danger, s'avise d'y entrer, elle les referme avec une telle précipitation, qu'il reste prisonnier, et qu'elle devient libre d'en agir comme elle le juge le plus convenable. L'huître a les mêmes moyens physiques à sa disposition, et se sert de la même ruse.

La sole, conduite par le même besoin, l'appétit, se tient dans une eau bourbeuse et grisâtre comme sa peau, et évitant par ce rapprochement de couleur d'être aperçue par les gros poissons, elle les observe sans courir aucun danger. C'est avec des yeux bien actifs qu'elle épie leurs différens tours, et qu'elle s'assure du lieu où leur femelle a déposé ses œufs : puis elle attend que les mâles soient venus les féconder en les couvrant de leur laite. Alors elle les juge plus délicats et plus nourrissans ; elle se met en route, les va retirer du trou où ils avaient été soigneusement déposés, et fait un repas succulent, qui lui donne bientôt à elle - même une graisse et une saveur parfaites.

Nous ne voyons si souvent le merlan sur nos côtes, que parce qu'il s'y réfugie pour échapper à la chasse que lui donne la morue.

Les petites soles, à leur tour, servent aux salicoques, aux crevettes ; et depuis les plus gros animaux jusqu'aux plus petits, tout est en action, tout est en guerre. Ce ne sont que ruses, fuites, détours et violences.

Il semblerait en voyant ainsi tous les poissons s'entre-détruire, s'entre-manger, que les espèces devraient au bout de quelque temps en disparaître ; mais les ouvrages de Dieu sont impérissables, et tous les cas ont été prévus de manière qu'aucun n'est resté possible, qui aurait contrarié la marche de l'univers, les combinaisons du grand œuvre de la création.

Pour que l'espèce des poissons fût à l'abri de la destruction, le ciel accorda à tel poisson la force, à tel autre la légèreté, à un troisième la prévoyance du danger, et la conscience de sa faiblesse. Il voulut que leur fécondité surpassât leur ardeur naturelle à se dévorer, et que la cause de reproduction l'emportât sur toutes celles qui tendent à les détruire.

Sur une seule morue, après avoir compté combien un gros pesant d'œufs pouvait en contenir, avoir pesé toute la masse des œufs, et multiplié le nombre trouvé par le total des gros, il résulta de l'opération, que la morue portait neuf millions trois cent quarante-quatre mille œufs. La destruction des poissons est évidemment impossible.

L'HERMITE.

Cet hermite est un parasite déhonté, qui, bien qu'il ait reçu de la nature une écaille pour se mettre à l'abri des chocs étrangers et du mauvais temps, va sans cesse habiter chez les autres; c'est un paresseux qui a été pourvu de bras, et qui pouvant vivre honnêtement, ne cherche qu'à subsister par les vols et les ruses les plus condamnables.

Il est armé de pinces, et il s'en sert pour disputer la coquille qu'il veut habiter au propriétaire, ou au premier occupant qui s'en serait emparé avant lui. Dès qu'il acquiert un peu de développement, il se trouve trop à l'étroit, et abandonne cette première demeure pour aller en chercher une autre plus vaste, sur laquelle ses droits ne sont pas mieux fondés, et qu'il acquiert de la même manière; avec aussi peu de formes, aussi peu de justice.

LE NAUTILE.

Cette coquille est d'une forme trop bien calculée, les mouvemens du petit animal qui l'habite sont trop bien réglés, trop bien mesurés, pour qu'il ne mérite pas, quoique le seul de sa classe, d'être au moins cité en cet ouvrage. Cette coquille est d'une seule pièce; c'est un bateau naturel avec une véritable quille; une poupe qui se relève avec grâce, et qui réunit tout ensemble la solidité, la plus grande légèreté, et les couleurs les plus brillantes.

Quand le temps est calme, le petit poisson sort de la coquille une voile, membrane concave et légère, qu'il dirige de manière à prendre le vent, tandis qu'il sort aussi deux bras qui lui servent comme de rames, pour faire avancer la chaloupe qui le porte. Le temps devient-il orageux, la vague trop forte fatigue-t-elle ses parties charnues, il les retire, et la coquille descend quelque peu sous l'eau; et sans avoir à redouter l'effet de la tempête, il se laisse porter au gré de la vague, à de très-grandes distances.

DES INSECTES.

L'histoire de cette classe nombreuse de petits animaux auxquels on a donné le nom d'insectes, est si curieuse, elle amuse et instruit si agréablement, son utilité même est si bien reconnue, qu'il serait superflu de s'étendre ici sur son éloge.

Un fait généralement avoué est que plus on y fait de progrès, plus elle devient attrayante, plus elle a de charmes. Avec tant d'avantages, on doit être étonné que l'étude des insectes ne soit pas plus suivie ; car cette science, comme le dit fort bien Bazin dans son *Abrégé de l'Histoire des Insectes*, semble être faite pour la jeunesse, âge dans lequel les goûts se forment et persistent pendant toute la vie, et pour les femmes, qui mettent toutes choses à la mode : la diversité, dans cette science, est infinie ; partout la variété y brille, et il n'y faut presque que des yeux.

9**

Les poissons, les oiseaux, et surtout les quadrupèdes sont plus connus que les insectes, bien qu'ils n'offrent rien de plus singulier, ni de plus intéressant; mais ils frappent les yeux les moins attentifs; leur grosseur semble aux yeux de bien du monde leur donner plus d'importance et justifier en quelque sorte le temps que l'on passe à s'occuper d'eux. Le vulgaire n'a point pour les insectes les mêmes égards; il les écrase du pied, et semble mesurer le mérite de l'animal aux dimensions de sa taille. Combien cependant de plus forts animaux sont moins favorisés par la nature que ces mêmes insectes! Quelle sagacité n'ont-ils pas, et combien est riche leur parure! Quelle diversité de formes et de couleurs la nature s'est plue à répandre dans leurs vêtemens! L'or, l'argent, l'azur et tout le feu des pierres précieuses sont étalés de tous côtés. Ces insectes, si dédaignés, auraient bien souvent lieu de s'enorgueillir en se comparant aux quadrupèdes, souvent si massifs et si grossiers relativement à eux.

On entreprend de longs voyages pour aller examiner le quadrupède dans ses déserts, prendre la nature sur le fait et recueillir des observations, tandis qu'il n'est besoin que de regarder autour de soi pour découvrir des

animaux bien plus surprenans encore, habitans de nos maisons, de nos jardins, et que
rien n'éloigne de notre observation.

Réaumur, auquel nous devons des mémoires
fort intéressans sur les insectes, exprime la
même idée avec une grâce et une vérité qui
n'appartiennent qu'à lui. « Il n'est pas besoin,
» dit-il, d'aller dans le Nouveau-Monde pour
» découvrir des animaux de formes nouvelles et
» surprenantes, il ne faut que faire plus d'usage
» de nos yeux pour bien regarder ce qui nous
» environne ; un seul chêne, peuplé de tous
» les insectes qui peuvent s'élever sur ses
» feuilles et sur ses branches, fournirait dans
» la plupart des saisons de l'année et dans
» presque toutes les heures du jour, des nou-
» veautés amusantes. » « Sans sortir d'un parc,
» dit Bazin, que nous venons de citer tout à
» l'heure, on peut, en changeant de terrain,
» passer, pour ainsi dire, dans une terre étran-
» gère, découvrir de nouveaux peuples..... une
» infinité de nations différentes, dont les unes
» campent à la manière des Tartares, les
» autres demeurent dans des villes, des bourgs,
» des villages ; d'autres dans des maisons dis-
» persées, solitaires ; et chacun a ses arts,
» sa manière de vivre, de se vêtir et de
» chasser. »

Tout cela, sans doute, a bien de quoi piquer vivement la curiosité des personnes qui aiment à s'instruire ; et nous n'ajoutons pas le plaisir qui résulte de pouvoir, dans son appartement même, loger une collection des animaux que l'on étudie, ce que l'on peut faire en poursuivant les insectes, l'échiquier à la main ; tandis que pour élever les quadrupèdes, les oiseaux, il faut des parcs, des biens immenses et une grande fortune.

Pluche, dans son *Spectacle de la Nature*, a remarqué aussi que les insectes n'étaient pas mis à l'abri d'un certain dédain par les merveilles de leur organisation. Dieu cependant prit soin de les vêtir, de les armer, de les pourvoir de tous les instrumens nécessaires à leur état ; et c'est souvent dans un point inapercevable pour nos yeux qu'il a établi une circulation, une progression lente, mais sensible pour l'animal qui l'exécute, et un nombre incroyable de vaisseaux et de liqueurs. On admire l'ouvrier qui, dans les arts mécaniques, a atteint une exécution complète et un fini admirable dans une composition en quelque sorte miniature ; quelle admiration ne devraient donc pas nous commander ces merveilleuses productions où tout est grand, parce que tout est infiniment petit !

Ce n'était point assez de leur avoir donné de riches habits, il leur fallait des armes ; et les uns ont des stylets, d'autres de véritables tarrières qui les aident à creuser le bois pour y déposer leurs œufs ou pour en construire des édifices. Celui-ci est armé de deux pinces à dentelures de scie et bien articulées, celui-là porte un dard empoisonné ; ce troisième, outre une cuirasse qui protège sa poitrine, a le corps tout entier couvert de poils qui le préservent de l'humidité et de l'atteinte des corps environnans.

Ils ne sont pas moins bien organisés quand ils se voient contraints à fuir devant un ennemi trop fort. Les uns se laissent glisser le long d'un fil et restent suspendus au milieu de l'air, où l'ennemi ne saurait ni les poursuivre, ni les saisir ; d'autres ont une élasticité dans les pattes qui les lance à une distance immense relativement à la longueur de ces mêmes membres. Enfin, les plus petits insectes sont pourvus d'une certaine adresse, et où manque la force, la ruse commence.

Tous les insectes n'ont-ils pas les antennes, ces petites cornes douées d'une sensibilité extrême et qui protègent leur marche en leur servant de sonde dans les ténèbres et sur les terrains qui leur sont inconnus ; corps

avancés qui sont plus propres que nos sourcils
à défendre le globe des yeux, au-dessus desquels ils sont attachés.

Quelques insectes enfin ont des corps glo-
buleux fixés au-dessous des ailes, qui semblent
deux petites vessies destinées à leur rendre le
vol plus facile, et peut-être à leur procurer
une musique qui les aide à communiquer
entre eux, à donner quelque signal lorsque
la fureur les transporte ou que l'amour les agite :
leurs ailes frappent sur ces sortes de timbales,
et il en résulte un bruit de guerre ou un murmure flatteur.

Nous recommandons surtout les insectes à
nos jeunes lecteurs ; car plus les individus
sont petits, et plus il faut d'observation pour
réussir dans leur étude, et on ne pense peut-
être pas assez combien il est utile d'inspirer
de bonne heure au jeune homme ce goût d'observer, qui ne peut que perfectionner son jugement, et qui doit tant lui servir pour régler sa
conduite pendant tout le cours de sa vie.

LE FOURMILION.

Nous ne saurions nous le dissimuler, cette
nature, qui ne devrait conseiller les animaux
que pour les fins les plus louables, semble avoir

été plus prodigue d'instruction quand il a fallu
les disposer au combat, à la défense ou à l'ag-
gression, que lorsqu'elle devait leur appren-
dre à élever leurs petits, à construire leur
habitation. Serait-ce donc que chez les animaux comme chez l'homme, il y a plus de ressources pour le mal que pour le bien !

Le fourmilion est en apparence peu favorisé dans son organisation : il n'a point d'ailes,
ni même de pieds pour s'avancer sur sa proie,
et cependant il ne la laisse jamais échapper,
bien qu'il ne puisse que marcher à reculons. Son
corps, d'une teinte grisâtre, est composé d'anneaux plats qui glissent l'un sur l'autre, et
c'est, à bien dire, un animal rampant; car ses
six pieds, dont deux sont attachés à son cou et
les quatre autres à sa poitrine, sont trop courts
pour aider sa progression d'une manière sensible. De la longueur du cloporte commun, cet
insecte a le corps arrondi et la tête longue et
plate, armée de deux petites cornes lisses re-
courbées par leur extrémité. Sa vue, extrêmement délicate, l'avertit au moindre danger à
l'approche des insectes et des oiseaux qu'il
pourrait redouter, aussi est-il très-multiplié
dans les endroits qu'il choisit pour son domicile.

Comme nous venons de le dire, le fourmi-

lion ne court point après sa proie, et s'il fallait pour l'atteindre qu'il fît un pas vers elle,
il périrait d'inanition ; mais le Créateur qui sait
en quoi peut être utile, à son grand ouvrage,
chacun des êtres qu'il a créés, et qui, pour
conserver dans l'univers une parfaite harmonie, a pris soin de maintenir toutes les relations qui la produisent, n'a point voulu qu'une
créature, une partie de ce tout sublime, ne
pût veiller à sa conservation et manquât des
alimens qui lui deviennent nécessaires : aussi,
comme il attacha le polype immobile au milieu des parties qui le nourrissent, il donna au
fourmilion les moyens de chasser, non en
plaine, mais à l'affût, les cloportes dont sa table est surtout servie.

C'est au milieu d'un sable sec, près d'un arbre ou d'une cabane dont les branches ou les
toits avancés protègent son travail contre les
inondations, que notre insecte chasseur établit son embuscade et la fosse dans laquelle il
veut faire tomber son gibier. C'est à reculons
qu'il commence son souterrain, et, comme nos
architectes, il ne creuse les fondemens qu'a-
près avoir pris ses plans et toutes ses dimensions : par plusieurs secousses il trace un sillon
circulaire, à plusieurs reprises, et de manière à
ce que les extrémités du sillon se réunissant, il

ait tracé un cercle parfait : le diamètre, ou ce qui revient au même, la plus grande largeur de ce cercle est toujours égale à la ligne qui exprimerait la profondeur du trou qu'il veut creuser. C'est avec des efforts bien dirigés, et l'extrémité postérieure de son corps recourbée en un véritable pic, qu'il achève cette première partie de son travail. Ce premier cercle tracé, il en trace un autre en dedans du premier, et en revenant vers le centre par une longue spirale, il finit par rendre la terre très-légère en la remuant à plusieurs reprises. Alors avec sa tête et ses cornes il la jette hors du cercle. Cette seconde partie est plus pénible ; car il est obligé de répéter le mouvement de tête qui devient nécessaire plusieurs fois avant d'enlever une petite quantité de sable. Ses impressions dans le sable au moyen de sa queue, ses déblayemens à coups de tête ne cessent plus, qu'il n'ait terminé sa fosse, espèce d'entonnoir, dont la profondeur et la forme sont calculées de manière à ce que les bords supérieurs et les parois ne puissent craindre aucun éboulement. Le jeune fourmilion, soit qu'il ait moins de force, ou qu'il ne sente le besoin que d'un moindre local, ne fait qu'une très-petite fosse : celui qui est arrivé à son entier développement, donne au trou qui doit

le recevoir, deux ou trois pouces d'ouverture et
de profondeur.

C'est au fond de l'entonnoir, que sous une
pincée de terre se cache le fourmilion. L'extrémité de ses deux cornes seulement dépasse,
et c'est au fond du gouffre l'instrument de mort
réservé à l'imprudence ; malheur au cloporte
trop confiant, au moucheron étourdi, à la
fourmi diligente et empressée, qui viennent
à s'approcher du bord du précipice qui n'a été
creusé en pente et dans le sable que pour en-
traîner jusqu'en bas tous ceux qui s'y présente-
raient.

Trois cas, tous trois prévus par notre adroit
chasseur, peuvent survenir d'après la mánière
dont il a dressé ses batteries : un insecte lourd
et peu clairvoyant se laissera cheoir au fond du
trou ; un autre plus agile courra sur les bords,
un troisième ailé cherchera, en étendant ses
ailes, à sortir de cet asile de mort ; que fera
le fourmilion ? Sans se donner aucun mouvement, il saisira dans ses serres l'imprudent qui
s'y précipitera et qui négligera de faire pour
lui échapper la moindre tentative ; quant au
second, il aura la conscience de sa présence
par les grains de sable que sa marche fera tomber jusqu'au fond de l'*entonnoir*, et creusant
avec ses cornes autour de lui, il ébranlera

toute la colonne de sable et entraînera sa victime avec le terrain qui manquera sous ses pas. Par une tactique différente, et non moins bien combinée, dès qu'il s'aperçoit, à l'aide de ses yeux si vifs et si clairvoyans, que l'insecte cherche à voler, il lance en l'air un nuage de poussière, une grêle de petites pierres qui aveuglent l'insecte, arrêtent les mouvemens de ses ailes et le livrent à la voracité de son ennemi. Dès que le corps de sa proie arrive jusqu'à lui, le fourmilion le saisit, et l'immolant avec ses cornes tranchantes, il l'entraîne sous le sable pour en faire ses repas; puis, quand il est rassasié, craignant que l'odeur ou la vue du cadavre n'éloignent les insectes de sa fosse, il le prend sur ses cornes, et, par un mouvement brusque qui est dû au reploiement des anneaux de son corps les uns sur les autres, il le jette parfois à un pied au loin de l'ouverture de son trou. Il arrive assez souvent que pendant tout ce travail, la forme du trou a été altérée par la chute d'une trop grande quantité de sable vers le fond, et que ses parois n'offrent plus une inclinaison suffisante; alors l'insecte redouble d'ardeur et rétablit son travail d'après les mêmes lois qu'il avait consultées en l'exécutant la première fois. Il creuse, déblaye de nouveau, et se remet à l'affût. Malgré tant d'adresse et tant de calcul, le fourmilion serait encore exposé à une destruction possible, dans le cas où peu d'insectes s'approcheraient de sa fosse; mais il peut rester un mois et plus sans prendre aucune nourriture, et cette facilité du jeûne est le dernier moyen de l'extrême prévoyance d'une nature conservatrice.

Quand l'époque d'une nouvelle vie est arrivée pour l'insecte dont nous écrivons l'histoire, il cesse de creuser la terre et de dresser des pièges dont il n'a plus besoin, et se contente de tracer de nombreux sillons à la surface du sol, de revenir plusieurs fois sur lui-même et de fatiguer son corps, lent à la marche, jusqu'à ce qu'il soit couvert d'une sueur visqueuse et abondante : alors il s'enterre sous le sable et il attend que le Créateur, dont l'œil immense aperçoit les colosses et les plus petits détails, ordonne sa résurrection, et protégeant l'insecte plus encore que l'homme, lui donne, après un très-court espace de temps, une vie nouvelle, et remplace ses membres vieillis par des ailes jeunes et rapides, son vêtement obscur par une robe diaprée des plus éclatantes couleurs.

Le sable s'attache sur le corps du fourmilion, et, mêlé à l'humeur qui le couvre, il forme une coque qui lui sert de rempart et de prison.

C'est dans ce réduit que cet insecte, avant de rester dans un état de mort apparent, file sa soie et l'étend d'un endroit à l'autre de sa nouvelle demeure dont les parois se trouvent tapissées du plus brillant duvet. Ce sont des fils qui s'entrecroisent en tous sens et dont le tissu est comparable, pour la délicatesse, à l'amiante, pour la fermeté, au satin le plus solide. Cette richesse est à l'abri des yeux, et le dehors ne se distingue du sol par aucun caractère. Cette humble ressemblance avec la terre qui l'environne, sauve l'insecte du bec de l'oiseau qui, malgré cela, mange parfois celui qui n'a vécu que de meurtres et de rapines.

Le miracle de la seconde création ne tarde pas à s'opérer. La chrysalide, car c'est ainsi qu'il convient d'appeler l'insecte dans ce nouvel état, est formée par deux mois d'un travail intérieur et prête à se développer. Déjà ses ailes ployées sur elles-mêmes se remarquent sur ses côtés, et deux dents paraissent, qui percent la draperie et la coque que le sable a formées. L'insecte reçoit le contact de l'air et remue sous cette influence, il se tient encore à sa coque ; un nouvel effort, il l'a quittée, et les rayons du soleil le couvrant de leur chaleur achèvent sa métamorphose. Ses ailes se sont déployées, et le corps déroulé a seize lignes de longueur,

L'aile transparente et mobile se tend comme la voile du vaisseau, et le corps s'alonge et se peint au soleil d'un vert azuré qui reflète les plus brillantes couleurs. Le *fourmilion* n'est plus, la *demoiselle* lui a succédé, et aussi légère qu'il était pesant, aussi vive qu'il était immobile, elle rase la surface du lac, et après être restée en extase devant le spectacle de la nature dont elle n'a point joui dans son premier état, elle va brillanter les buissons en se balançant, suspendue en aiguille, au bout de la branche la plus flexible.

Quelques auteurs, qui ont recherché l'étymologie de tous les noms, prétendent que le *fourmilion* n'a été ainsi appelé, que parce qu'il est pour la fourmi *un ennemi redoutable*, un *lion :* il ne lui ressemble d'ailleurs, ni par ses caractères, ni par ses habitudes.

LE COUSIN.

Cet insecte si redouté dans les pays chauds, et dont les piqûres, parfois assez nombreuses, causent des inflammations violentes, et peuvent même donner la mort, a besoin, pour exister et se reproduire, des trois élémens, nous dirions presque de tous les quatre; car, s'il habite à la fois la terre et l'air, s'il dépose ses œufs dans l'eau, il a besoin de la chaleur du soleil, de l'atmosphère, et, par conséquent, du feu. Le cousin n'a droit à figurer ici que par le soin tout singulier qu'il prend de ses œufs, et la manière non moins bizarre dont il les place dans l'exposition qui convient à leur développement. Au reste, les diverses métamorphoses que subit cet insecte, nous engagent à n'omettre aucun point de son histoire, et, comme nous l'avons déjà fait plusieurs fois dans le cours de cet ouvrage, à ne négliger aucun des faits intéressans que peut offrir à notre observation l'animal déjà signalé à cause de son industrie.

Le plus souvent on rencontre les cousins sur le bord des mares, des fontaines, des lacs ; c'est là qu'ils élèvent leur famille, c'est là qu'ils placent leurs œufs. Ils s'emparent d'un petit plateau de glu, et disposent ces œufs dessus, dans un ordre parfait, de manière qu'il semblerait au premier aspect un petit crible, dont les œufs représentent les trous par une différence de couleur. Ce plateau est attaché au moyen d'un lien à une racine d'arbre, et si d'un côté la substance glutineuse les préserve de la submersion, en les tenant dans un milieu humide nécessaire à leur développement, de l'autre, le lien empêche que l'eau, plus agitée, ne les entraîne au loin, et dans quelque lieu plus froid où ils ne seraient plus exposés aux rayons solaires, où ils ne pourraient éclore.

Des petits pucerons sortent de ces œufs, qui se font au fond des eaux une demeure, dans le mastic et dans la craie, lorsqu'ils peuvent en rencontrer; cette substance étant assez tendre pour qu'il leur soit facile de s'y creuser des loges, et assez dure pour les garantir des poissons qui ne sont point armés de pinces. A cette époque, ces petits pucerons ou vermisseaux sont tout aquatiques.

Plus tard, et c'est leur second degré de développement, ils deviennent amphibies : leur tête, considérablement grossie, reste en l'air, tandis qu'ils se soutiennent sur l'eau, au moyen d'une queue velue, et arrosée d'une huile qui empêche l'humidité de l'endommager. Ce second état, déjà plus perfectionné que le premier, n'est point la condition la plus favorable du cousin, qui devient habitant de l'air, en échangeant contre des ailes résonnantes, et garnies de bandelettes artistement découpées, sa tête disproportionnée, ses cornes et sa queue aquatique.

Le fourmilion, d'abord nuisible, n'est plus qu'innocent dès qu'il acquiert des ailes; le contraire a lieu pour le cousin, c'est sous cet habit de faveur, et la tête ornée d'un panache, qu'il devient sanguinaire : sa trompe, sa trompe admirable instrument, propre à la fois à pratiquer la piqûre et à sucer le sang auquel elle donne cours, est l'arme dont il se sert : assez menue pour n'être aperçue qu'à l'aide du meilleur microscope, cette trompe, par la complication de son organisation est un véritable prodige : outre le tuyau de succion qu'elle renferme, elle contient encore quatre épées ou dards, qui, hérissés de dents, sont saillans quand le désire l'insecte, ou cachés dans un étui. Cette trompe sert en outre au cousin pour découvrir les chairs par un toucher très-délicat, et ensuite pour aspirer la lymphe ou le s au que l'irritation, causée par les aiguillons, a attirés dans la plaie.

Le cousin, pendant l'hiver, ne prend aucune nourriture, il passe cette saison dans les souterrains, dans les fentes les plus profondes des rochers, et n'en sort que l'été suivant, pour aller chercher l'eau dormante à laquelle il confiera le berceau de sa lignée.

LES ABEILLES.

Dans toutes choses il faut procéder avec méthode ; sans méthode il n'existe pas de véritable instruction : aussi pour suivre une marche naturelle, pour faire connaître les causes avant de parler des résultats, nous allons commencer par exposer, le plus brièvement possible, l'organisation de l'abeille, ce qui rendra plus intelligible ce que nous aurons à dire de ses travaux. Cette première partie sera sèche et peu attrayante; mais nous pourrons aisément embellir, égayer la seconde, qui offre un champ vaste à l'imagination; champ que les anciens poëtes naturalistes, ou philosophes, ont enrichi des comparaisons les plus riantes, et que Buffon seul a tenté de retrécir, en remplaçant le prisme des fictions, par le creuset de la plus sévère analyse.

Occupons-nous donc des outils de l'abeille : son corps est divisé en trois parties bien distinctes, que séparent deux étranglemens, la tête, la poitrine et le ventre. La tête est armée d'une trompe et de deux mâchoires; la trompe est longue et pointue, elle est flexible et mobile en tout sens. Elle aurait pu se rompre, si elle n'avait été formée que d'un seul morceau; mais tout a été prévu, et au moyen d'une charnière que l'on remarque à sa moitié, elle peut se replier sur elle-même, pour rentrer au milieu de quatre écailles destinées à la protéger contre toute espèce de choc. La partie moyenne, la poitrine, donne attache aux pattes, qui, au nombre de six, offrent des petits crochets à leur extrémité, qui, par leur pointe, sont opposés l'un à l'autre : ces petits grapins, qui servent à l'abeille à se suspendre dans les positions les plus difficiles, sont garnis à leur base de petits coussins, sur lesquels elle marche le plus ordinairement. C'est par un mouvement continuel de la première paire de ces jambes sur la seconde, et de la seconde sur la troisième, que la poussière recueillie sur les fleurs, est amassée dans deux cavités garnies de poils, qui se remarquent à la face externe des deux pattes de derrière.

Le ventre de l'abeille offre six anneaux, et quatre parties bien distinctes : les intestins, le réservoir du miel, celui du venin et l'aiguillon : la poche qui contient le miel est transparente, celle qui reserre le venin est à la base de l'aiguillon, espèce de tuyau, dans lequel coule la liqueur pour s'introduire dans la piqûre : deux dards accompagnent l'aiguillon ; mais lorsque l'on est piqué par l'abeille, si on la laisse faire sans l'agiter, sans l'effrayer, elle ne lance aucun venin, ne fait qu'une très - légère piqûre ; autrement la liqueur irritante coule, et l'enflure dure souvent plusieurs jours.

Des organes aussi compliqués paraîtront

10*

bien simples encore, si on examine quels ouvrages ils servent à exécuter. C'est du sommet que la ruche est d'abord entreprise, ce qui
semblerait devoir nuire à sa solidité : une glu
extrêmement visqueuse pare à cet inconvénient,
en maintenant les cloisons très-fixement attachées au tronc de l'arbre, ou aux parois de la ruche qui donne asile à l'essaim : c'est une incroyable activité que celle qui anime toutes les mouches, au moment où elles construisent la ruche :
il n'en est pas une seule qui ne prenne part au
travail, comme il n'en est pas une qui ne pré-
tende jouir, lorsqu'il est achevé, du domicile
commun. Il est de toute équité que chacune
construise, puisque chacune sera propriétaire.
On se prête un mutuel secours, et l'agitation
des travailleurs est si grande, que l'œil, quelqu'intéressant que soit le spectacle, finit par en
être fatigué. Plusieurs rayons ou cloisons per-
pendiculaires, descendent à égale distance les
uns des autres, et des ouvertures garanties du
choc, par un bourrelet de cire, font communiquer tous les rayons ensemble : c'est sur les
deux faces de chacun de ces rayons, ou pans
de murailles, que sont établies les cellules,
chef-d'œuvre de correction, figure parfaite,
hexagone régulier, seule forme qui pouvait ren-
fermer autant d'espace sous un même contour,

sans perte d'un seul vide ; seule forme qui ré-
pondait au besoin d'une colonie aussi prompte
à multiplier, aussi féconde en reproduction.
La cellule, sur cinq lignes de profondeur, a deux
lignes et demie de largeur. Certes, on pourrait
encore expliquer, comme l'a fait Buffon, cette
forme géométrique par une loi de nécessité ;
mais comment répondre à celui qui ayant
distingué dans la ruche trois cellules bien différentes, pour la forme et les ornemens, destinées à trois espèces d'abeilles différentes,
demandera une cause purement physique de
cette singularité : comment parviendra-t-on à
lui persuader que l'intelligence de l'insecte, ou
mieux encore l'inspiration de la nature, et l'intelligence créatrice et conservatrice de ce
monde, n'est pour rien dans un travail aussi
parfait, aussi bien calculé.

En effet, outre les cellules ordinaires, il en
est de beaucoup plus grandes que doivent
habiter les *reines*, dont la forme est arrondie
ou oblongue, qui ont les bords guillochés,
et à la confection desquelles la cire est employée avec profusion, comme pour se confor-
mer à la magnificence royale. Il est encore
des cellules moins brillantes, mais remarquables par leur plus grande étendue, qui sont
destinées à recevoir les œufs, desquels doivent

sortir les *faux-bourdons*, et qui jamais ne sont distraites de cet emploi.

Nous venons de prononcer les noms de *reines*, de *faux-bourdons*, ce sont donc deux espèces d'abeilles différentes du peuple ordinaire, deux castes dans l'état, distinctes du vulgaire. Oui, ce sont réellement deux classes à part : les *reines* ou les gouvernantes des ruches, et les *faux-bourdons* ou mâles, qui plus gros d'un tiers que les autres abeilles, ayant la tête plus grosse et plus velue, leur trompe, beaucoup plus courte, sont dépourvus des instrumens nécessaires au travail, dispensés par conséquent de tout labeur, et seulement destinés à fournir des enfans à l'état, en fécondant les reines, et à couver les œufs, conjointement avec les abeilles laborieuses.

Là reine est l'âme de la ruche, c'est le lien de la société, et à sa mort le deuil est général, les travaux cessent, il n'y a plus d'avenir à attendre, plus d'espérance, puisqu'il n'y a plus d'ordre. Plusieurs membres de cet état désolé meurent de chagrin, et *mourans eux-mêmes, ils pleurent sur leur reine morte*. Errantes et vagabondes, les autres mouches finissent par être attaquées, detruites par d'autres insectes, ou par mourir de faim : si la reine vient à quitter la ruche, lorsqu'elle trouve, par exemple, un

voisin incommode dans une société de guêpes, ou que ses rayons ont été gâtés, tout le
peuple la suit dans son émigration. Sort-elle
pour inspecter les travaux au dehors, ou pour
une simple promenade, elle est entourée de
mouches ouvrières, qui lui font une escorte,
une garde d'honneur.

Il est facile de deviner que cette reine, environnée de tant d'hommages, de tant d'amour,
doit être pour la ruche d'une haute utilité, et
que ses fonctions deviennent en certains cas
indispensables à la colonie; car, tout calcul
d'un vil intérêt à part, ce grand attachement
doit se justifier par de grands services. En
effet, la reine seule ordonne dans sa ruche, elle
a de vieilles mouches, qui, à son commandement, punissent les délits, et font hâter les
paresseuses. Enfin, c'est elle seule qui repro-
duit, fécondée par les faux-bourdons. Quand
elle est prête à pondre, elle visite les cases
réservées aux couvées, et lorsqu'elle les trouve
propres, elle dépose dans chacune un œuf,
en y entrant, pour cette opération, à reculons.
C'est ordinairement dans le mois de mai qu'elle
vient à pondre, et elle peut fournir des milliers
d'œufs. Elle distingue probablement aux douleurs, que l'extraction de l'œuf lui cause, l'espèce qu'il doit contenir; car on a remarqué

qu'elle déposait dans les cellules royales, l'œuf duquel une reine devait sortir, comme aussi dans les cellules les plus vastes, les œufs qui produisaient les faux-bourdons.

Quelque temps après cette ponte, on aperçoit dans les cellules un ver blanc, long, mais roulé en anneau, et appuyé sur une couche épaisse de gelée ou de bouillie que les abeilles ouvrières y ont apportée, et qu'elles ont soin de renouveler en quantité proportionnée à l'âge et aux besoins du nouveau né : cette gelée est blanche dans les premiers jours, jaunâtre et sans doute plus nourrissante dans les derniers temps. Le ver accroît avec rapidité, ne rendant aucun excrément, et conservant à son profit toute cette nourriture. Enfin, les ouvrières apprécient l'époque où il est sur le point de filer, et afin qu'il ne soit troublé ni dans ce travail, ni dans la métamorphose qui en est la suite, elles closent la cellule au moyen d'un petit couvercle en cire, qui en bouche l'entrée. L'intérieur de cette cellule est promptement tapissé d'un filet soyeux, et l'insecte, après un état de mort apparente, crève une pellicule qui le retient captif, et sort ailé pour subvenir, quant à sa part, aux charges de la société, ou pour aller fonder, sous la conduite d'une reine, avec toutes les jeunes mouches.

du même âge, une ruche à quelques pas de
là. Ces émigrations sont forcées quand la ruche
contient trop d'habitans.

Le nombre des habitans, devenu considérable, fait parfois réfléchir la société sur l'inuti-
lité des faux-bourdons, et après avoir mis à
l'abri, ceux que l'on choisit pour les époux de
la reine, on ordonne la mort des autres. Le
meurtre est à l'ordre du jour, et le carnage est
affreux. En peu d'instans tous les mâles sont
égorgés, même ceux qui étaient jeunes encore,
et la veille même, entourés des plus tendres
soins, les vers desquels des mâles doivent sortir
sont écrasés : ce ne sont que des cadavres qu'on
voit jeter dehors la ruche, et le massacre ne
s'arrête qu'à la mort du dernier proscrit. C'est
une loi exécutée avec une frénésie fanatique,
que ce massacre des mâles.

On a prétendu, et assez facilement, que les
abeilles avaient chacune leur emploi particulier,
et que telle compagnie était spécialement chargée de butiner, tandis que telle autre était
occupée à pêtrir, telle autre encore à distiller
le miel. Il est vrai de dire que si elles ne sont
pas toutes au même moment occupées de la
même manière, c'est que chacune s'empare
du travail qui se présente, et que la force des

circonstances diverses et fortuites décide de l'emploi du temps de quelques autres.

Le plaisir le plus grand pour un observateur, est de voir toute une ruche au moment du travail : des abeilles volent de fleur en fleur, pour en pomper le suc du fond des corolles, à l'aide de leur pompe, ou pour enlever, au moyen des poils, dont tout leur corps et leurs pattes principalement sont garnis, la poussière précieuse qui doit servir à l'élaboration du miel : d'autres qui président à leur retour, les débarrassent de ces matériaux qu'elles font passer dans un de leurs estomacs ou poches de secrétion, car elles en ont deux, l'un pour le miel et l'autre pour la cire. C'est de leur bouche que sort ensuite la cire, pâte molle qu'elles disposent enfin en cloisons et en cellules.

Les abeilles font encore, pendant leurs couches, une ample provision d'eau, et comme il est prouvé que c'est à la naissance des vers qu'elles s'en chargent de préférence, on en a sagement conclu que cette eau était nécessaire à la confection de la gelée qu'elles préparent pour ceux-ci. C'est en avril et en mai, pendant toute la journée, que les abeilles vont faire leur récolte : en juin et juillet, redoutant sans doute l'action du soleil qui absorbe tous les sucs, elles rentrent de leur course à dix heures du matin, et la commencent presque au point du jour.

Un corps étranger introduit dans une ruche, est promptement jeté au dehors ; un insecte qui a l'imprudence d'y entrer, a son procès tout fait ; il est mis à mort, et le cadavre est poussé dehors, dans la peur des miasmes délétères. On rapporte, à cette occasion, d'après M. Miraldi, un fait qui peut être rigoureusement observé, mais sur l'explication duquel on s'est peut-être trop appuyé de l'intelligence accordée aux abeilles. Un limaçon entre dans une ruche, il est tué à coups d'aiguillon ; c'est naturel : le salut de la ruche, l'idée inculquée à tout être de veiller à sa conservation l'exigeaient également. Les abeilles font de vains efforts pour chasser hors la ruche cette coquille pesante, et finissent par en luter l'ouverture avec de la cire. Tout ceci est vrai, mais il est hasardé d'ajouter que cette coquille n'a été ainsi hermétiquement bouchée que pour empêcher les exhalaisons qui s'échappaient du limaçon en corruption, de se répandre dans la ruche. Voilà où le vrai pourrait même n'être plus vraisemblable ; voilà où il fallait s'arrêter.

L'abeille est certainement l'insecte qui a mérité davantage de fixer l'attention des naturalistes. Son économie, son ardeur pour le travail, ses réglemens, sa société si bien organisée, que de causes pour qu'une ruche reste long-temps un objet digne de notre admiration ! Quand l'homme cessera de remarquer ces merveilles de la nature, il sera plus corrompu encore qu'il ne l'est aujourd'hui.

LES GUÊPES.

Armée du même aiguillon que l'abeille, la guêpe est sa plus cruelle ennemie : c'est le brigand qui dévaste sa ruche, et, après l'homme, c'est l'animal peut-être le plus friand du miel. La guêpe ne manque cependant point de police, d'industrie ; elle vit en société, mais elle ne confectionne aucun produit. Elle se contente de piller, et n'a même pas assez de prévoyance pour faire la moindre provision : il est même étonnant que, formant des cellules pour l'éducation complète de ses petits, elle se trouve chaque année forcée de sacrifier les œufs qui ne sont point encore éclos, et les vers qui déjà ont acquis quelque développement. Le froid se fait sentir, et la guêpe qui ne peut plus aller butiner, sans s'exposer à une mort certaine, préfère jeter hors de sa demeure le fruit de ses amours, l'espoir de sa colonie.

Rien peut-être n'est mieux exécuté qu'un guépier ; cette espèce de gâteau que bâtit le *peuple guêpe*, est presque une ville souterraine : des péristyles, des places, des terrasses, des maisons et des colonnades ; il n'y manque rien, ni pour la symétrie, ni pour la commodité. Figurez-vous plusieurs plates-formes, à des distances calculées les unes des autres, de manière que celles du milieu soient moins rapprochées que celles de dessus et de dessous, et vous aurez une idée exacte de l'aspect général que présente le guépier. Ces plates-formes sont maintenues à leur place par cinquante ou soixante colonnes qui sont elles-mêmes admirablement calculées dans leurs proportions ; étroites à leur partie moyenne, elles sont évasées à leurs extrémités. Ainsi le rétrécissement aide l'économie de la matière, tandis que l'élargissement des deux bouts, j'ai presque dit de la base et des chapitaux, assure leur solidité, en leur offrant plus de points d'attache et une application plus exacte sur le pavé et le plafond : des cellules sont disposées dans chaque entre-deux ou place, de manière à ce qu'on ait, au moyen de sacs ou conduits, un accès facile dans chacune d'elles. Ces cellules, comme celles de l'abeille, semblent, par une prévoyance admirable de l'animal, construites pour l'espèce d'œufs qui doivent y être déposés, comme nous aurons occasion de le faire observer tout à l'heure. Les colonnes qui portent tout le poids de l'édifice sont d'un mortier beaucoup plus solide que les planchers, et ceux-ci d'une pâte plus ferme que les parois des cellules ; ainsi la fatigue à laquelle peut être assujettie chaque partie de l'édifice semble avoir servi d'indication dans le travail. L'homme ne raisonne pas mieux, et souvent même, nous en prenons à témoin notre *panthéon*, il manque à ces lois fondamentales de l'architecture.

Une seule chose manque dans ces villes souterraines, c'est la lumière : il paraît que l'insecte a les yeux phosphorescens et qu'il peut, jusqu'à un certain point, y voir la nuit, en rendant le fluide lumineux que son œil a absorbé pendant le jour.

Après avoir admiré l'ouvrage terminé, suivons dans leurs travaux ces maçons ailés qui le construisent ; et nous n'aurons pas une moindre envie de crier merveille quand nous comparerons le résultat avec les moyens d'exécution.

Comme chez les abeilles, avec lesquelles ce genre d'insectes a le plus grand rapport, il existe trois espèces de guêpes ; la guêpe femelle, la guêpe mâle et la guêpe mulet, qui n'est ni mâle ni femelle, et sur laquelle retombe tout le poids du travail, toute la fatigue. Ces dernières mouches sont en beaucoup plus grand nombre, mais si petites, si faibles auprès des mâles, que dans le guépier ceux-ci n'ont pas à craindre qu'on les sacrifie.

Le mulet doit construire et approvisionner la ruche, la femelle élever les petits, et le mâle faire l'amour et les produire. Ces trois occupations sont remplies avec précision, sans trouble, sans désordre, et aucune des classes ne sort des fonctions qui lui sont confiées par la nature et les réglemens de sa société. Jamais les mères ne sortent du souterrain, jamais les pères ne travaillent, et jamais non plus les mulets ne sont occupés à distribuer la nourriture aux petits.

Dès qu'un lieu assez élevé pour que les inondations soient impossibles, a été choisi ; les guêpes cherchent s'il n'y a pas aux environs un trou de taupe ou de quelque autre animal, qui, déjà creusé, puisse abréger le travail et remplir, par sa forme, toutes les conditions désirées. Si ce cas favorable ne se présente pas, elles creusent elles-mêmes et sans autre instrument qu'un aiguillon semblable à celui de l'abeille, deux petites scies et une tête extrê-

mement mobile, elles parviennent à creuser
un pied carré de terrain, et ont soin de porter
loin de là les matières de déblaiement produites par l'excavation. Une partie cependant
reste dans l'intérieur pour être détrempée avec
la glu qu'elles trouvent sur les saules, les pins
et les jeunes pousses en général : c'est ce ci-
ment dans lequel elles jettent, en plus ou
moins grande quantité, selon qu'il est plus ou
moins utile de le rendre solide, des petits brins
d'arbre, des pailles, des mousses desséchées
qu'elles ont apportées des champs, et qui,
concassées, ne tardent pas à se perdre dans la
pâte, qui seulement en acquiert plus de fermeté. C'est à reculons et en se roulant sur des
petites boules de ce mortier, que parfois elles
apportent tout fait entre leurs pattes, qu'elles
parviennent à l'étendre en feuille ; elles con-
tinuent ensuite à passer en traînant leur corps
sur cette feuille jusqu'à ce que, produisant
l'effet d'un cylindre, elles l'aient amené à une
très-mince épaisseur. Plusieurs de ces lames,
ainsi durcies, sont superposées et forment les
planchers. Les colonnes sont élevées par les
mêmes matériaux, avec les mêmes efforts ;
elles acquièrent plus de dureté par un plus
long frottement. Une fois la voûte enduite de
ce mastic, qui doit préserver le guépier des

éboulemens par la forme en dôme qu'on lui fait prendre, comme la plus convenable sous le rapport de la solidité, elles commencent leur bâtiment par le sommet, qu'elles suspendent à la voûte, et font ainsi leurs étages, qui tous communiquent ensemble en ordre inverse des nôtres. Deux portes sont ménagées, l'une est ouverte aux travailleurs chargés de butin, l'autre à ceux qui partent à vide : ainsi les rencontres en sens contraire, qui pourraient nuire à l'ordre, sont évitées, et les accidens très-peu fréquens.

C'est dans cette demeure qu'à la moindre inquiétude rentrent toutes les guêpes, et dans laquelle l'homme commence par les noyer ou les tuer avec la vapeur du souffre avant de détruire l'édifice. La piqûre de la guêpe est tellement venimeuse qu'il serait dangereux d'ouvrir une ruche sans ces précautions.

Les mères, comme nous l'avons déjà dit, ne sortent pas de la ruche ; mais elles reçoivent des travailleurs, les petits morceaux de viande, les petits brins de poires et d'abricots qu'ils apportent, et s'en servent pour la nourriture des vers qui, en temps marqué, ouvrent la bouche et trouvent leur pâtée ; une mère a plusieurs cellules assez petites où sont renfermés les mulets, dont le corps aura moins de développement, et plusieurs autres plus grandes qui contiennent des vers de mâles, de femelles, elle porte à chacune la part nécessaire à l'individu qu'elle contient, et n'a pas plutôt terminé cette tournée qu'elle est contrainte à la recommencer.

Les vers une fois parvenus à l'époque où ils filent et ne prennent plus de nourriture, promènent leur tête dans tous les coins de leur cellule, y attachent leur filet et s'enveloppent d'un linceul du fond duquel ils doivent ressusciter brillans et légers. Après quinze jours au plus de tombeau, ils se sentent armés de toutes pièces, déchirent la cloison qui les environne, et après avoir séché leurs petites ailes encore humides, ils prennent la volée, et vont prendre part au pillage annonçant par un bourdonnement nouveau leurs premières conquêtes.

LE VER A SOIE.

L'homme est habitué à ne considérer les choses que d'après le plus ou moins d'utilité qui doit résulter pour lui de leur existence : c'est une condition inévitable de l'état de société que cette manière de juger ; elle est générale parce que, soit pauvreté ou dégoût immodéré des dépenses, il n'est point d'homme qui n'éprouve des désirs ou des besoins. Aussi, parmi les curiosités de la nature qu'il se plaît à examiner pendant ce moment de calme qui, de temps à autres, le repose au milieu des orages des passions, il a toujours avec une sorte de prédilection reporté son attention sur le ver à soie. La raison en est toute simple, et nous venons de dire comment il était conduit à cette préférence : c'est qu'en élevant, en cultivant, pour ainsi dire, cet insecte, il l'a rendu le premier ouvrier, le fournisseur de manufactures immenses dont les travaux font vivre un nombre incalculable d'individus, et dont les produits peuvent en enrichir un nombre non moins considérable. Si demain on parvenait à filer et tisser de riches étoffes avec la coque de la chenille de nos jardins, lorsque déjà elle est jetée sous ses pieds qui vont l'écraser, il la releverait et l'entourerait des mêmes honneurs.

Le ver à soie est un animal fort innocent, et son innocuité est si bien reconnue, que l'on permet à la jeunesse de surveiller son éducation et de l'avoir entre les mains. Il convient donc de faire amende honorable à ce bienfaiteur de notre industrie, au nom de ces ignorans toujours disposés à craindre ce qu'ils ne connaissent pas, et qui trouvent que ce ver donne la peste, comme ils ont admis que le lézard était un animal venimeux. Je tiens singulièrement à présenter le ver à soie sous un jour favorable parce que je me sers en ce moment du produit de son travail, et que je me suis fait un culte de la reconnaissance. Je n'oublie jamais le bienfait, quelle que soit la classe d'êtres où se trouve rangé le bienfaiteur.

Dans les pays chauds, en Chine, au Tunguin, on élève les vers à soie en liberté; ils courent sur les arbres dont les feuilles les nourrissent sans que l'on s'occupe d'eux, sinon d'une manière générale et comme on le ferait des fruits d'une récolte. Partout ils déposent leurs œufs, petits points à peine rugueux au doigt, sur les feuilles, et meurent après cet acte de la reproduction. L'individu est d'un faible intérêt pour la nature qui vient d'assurer la conservation de l'espèce. Ces œufs garantis de la gelée qui pourrait attaquer l'arbre par la manière dont ils sont posés, restent sous la sauvegarde de la nature, et les petites chenilles qui doivent en sortir et qui paraissent d'abord un petit point noir ne les crèvent qu'au moment où le bourgeon permet l'émission de la feuille nouvelle. Ainsi la chaleur vivifiante du soleil qui seule peut avancer la naissance des nou-

velles feuilles, est également nécessaire au développement de l'œuf; de manière que l'insecte,
dans son plus grand état de faiblesse, se trouve
sur la feuille la plus tendre, et cette même
feuille recevant plus de sucs nourriciers, devient plus ferme, mais plus dure à morceler
au moment où le ver à soie a des organes plus
forts et davantage perfectionnés. Les œufs ont
été attachés sur les feuilles au moyen d'une
glu que presque tous les insectes possèdent
pour différens besoins.

La chenille a acquis la grosseur du petit
doigt, elle est blanche, puis jaunâtre, et c'est
alors qu'elle cesse de manger et que commence son ingénieux travail.

En France, en Provence, ces insectes ne
peuvent s'élever d'une manière bien fructueuse
en plein air, il faut leur disposer des loges à
l'abri des changemens de température, des
pluies et des oiseaux dont les filets ne garan-
tissent qu'imparfaitement. On choisit donc une
chambre exposée en bon air, qui soit couverte
de vitrages et de toitures semblables à celles
qui sont employées pour les serres. A l'abri
des vents froids et humides, il faut que ces
pièces soient encore protégées contre tous les
insectes qui pénètrent dans nos habitations,
contre les rats et tous les animaux domesti-

ques. Après ces précautions indispensables,
on élève quatre pièces de bois en colonnes
qui, disposées en un grand carré, reçoivent des
claies d'osier qui viennent s'y adapter au moyen
de coulisses; au-dessous de chacune de ces
claies est une planche avec un rebord qui peut
se déplacer à volonté.

D'abord cet appareil est inutile, mais lorsque l'insecte a pris quelque accroissement, et
qu'il ne peut plus, à cause du nombre, tenir
dans les boîtes garnies intérieurement de linge
où d'abord il a été élevé, on le pose sur les
claies, ayant soin de lui continuer alors sa nourriture de feuilles de mûrier qu'une servante
laborieuse sème à peu près également. Chaque
matin elle fait cette distribution, et doit apporter le plus grand soin, surtout quand le ver n'a
pas acquis toute sa grosseur, de l'enlever avec
les débris des feuilles de la veille qu'il est ur-
gent de remporter avec exactitude, la malpro-
preté étant funeste au ver à soie. Il faut aussi
qu'elle ait grand soin de le préserver de toute
humidité, de cueillir les feuilles à l'avance,
de les étendre, avant de les lui donner, dans
un endroit sec, et s'il est à craindre que les
pluies surviennent, d'en faire une petite provision. Il peut arriver que les feuilles de mûrier
leur manquent; il faut tâcher que cette priva-

tion dure le moins long-temps possible ; car bien qu'on remplace par des cœurs de laitue cette nourriture ordinaire, leur travail s'en ressent, et la soie qu'ils filent alors est loin d'avoir un degré aussi supérieur en qualité.

Une autre attention non moins utile est de donner à propos de l'air à la chambre dans laquelle ils séjournent; on profite pour ce renouvellement du moment où le soleil y répand le plus de chaleur.

Depuis le moment où la chenille sort de sa coque, elle change trois fois d'habit et presqu'en même temps de couleur. Chacun de ces changemens est marqué par un petit moment de léthargie que suit une agitation extrême, presque convulsive et au moyen de laquelle elle crève la peau qui la comprime, et finit par s'en débarrasser. Enfin, après sa troisième métamorphose, elle s'éloigne de toute compagnie, refuse tout aliment, et en prépare une autre beaucoup plus complète et beaucoup plus longue.

Sans nous arrêter à l'anatomie du ver à soie, qui serait étrangère à notre sujet (car nous n'écrivons point une histoire naturelle), voici quelques détails sur l'organe qui secrète la soie et qui rentrant parfaitement dans notre cadre, ne seront d'ailleurs pas sans intérêt.

Cet organe est formé de deux longs tubes, d'abord très-étroits, qui s'élargissent ensuite, et qui font plusieurs tours sur eux-mêmes, et viennent aboutir à deux petites ouvertures situées sous la bouche de l'animal. C'est dans ces deux réservoirs qu'est contenue la gomme couleur de souci, avec laquelle le ver forme son fil. Les deux bouches de ces tubes présentent une quantité considérable de petits trous ou filières, par lesquels la matière se file comme le lin, qui sort très-menu d'une touffe de chanvre fixée sur la quenouille. Ces deux fils, il les assemble en un, au moyen de ses pattes de devant, et se laisse suspendre au bout de cette double attache. Quoique assez éloigné du jour où il commencera sa coque, il a toujours ce fil qu'il attache auprès de lui, et qui le sauve des chutes. C'est une ancre de stationnement. Quand vient le moment où l'insecte va s'enfermer dans sa coque ou *cocon*, il prend une attitude différente, très-gracieuse, et continue à lancer son fil, qui, exposé à l'air, et manié par ses petites pattes de devant, munies de digitations, prend aussitôt la consistance nécessaire. Il est prouvé que cette humeur visqueuse, qui devient fil, est une secrétion faite à même les sucs dont se nourrit l'insecte; mais la chimie ne nous a pas éclairés sur sa composition intime, et c'est tout ce qu'on sait sur l'instrument principal, sur la matière du phénomène.

Delille, le chantre de nos bois, a consacré, dans son poëme des Trois Règnes, les vers suivans aux travaux laborieux de toutes les espèces de vers :

Je plains l'observateur qui ne voit de merveille,
Que l'homme ou l'éléphant, le castor ou l'abeille ;
Et, jetant sur le ver un regard de mépris,
De ses humbles travaux ne connait point le prix.
Non, les ponts du castor, et ses riches bourgades :
Non, des essaims actifs les nombreuses peuplades,
Et ces brillans travaux de leurs toits populeux,
Ne peuvent surpasser ces vers miraculeux ,
Qui, citoyens obscurs de notre grand domaine,
Rivalisent d'adresse avec la race humaine.
Ainsi que ses besoins, leur vie a ses travaux :
Là, combien vont s'offrir de prodiges nouveaux!
L'un, habile sapeur, en minant les feuillages,
S'en va de proche en proche avançant les ouvrages:
Et dans l'enfoncement de ses réduits secrets,
Trouve à la fois son nid, sa demeure et ses mets;
Sage ouvrier, que dis-je? ingénieux artiste,
L'autre, assemblant le bois en adroit ébéniste,
Dans sa maison qu'il taille et construit avec art,
Loin des yeux importuns, s'établit à l'écart;
L'autre roule en cornet une feuille docile ,
Et dans ce simple abri choisit son domicile.
L'un d'une double coque a construit son palais,
Cet autre dans les fruits se loge à peu de frais;
L'autre dans son alcove élégamment déploie,
Sa tenture de gaze, et ses tapis de soie. ...
En adresse , en moyens, l'instinct ne tarit pas!

Lebrun, l'auteur des odes, surnommé, à cause du genre dans lequel il a composé, *Pindare-Lebrun*, a tiré du ver à soie enfermé dans sa coque, une comparaison ingénieuse, exacte, et qu'il a embellie de tout le charme de la poésie.

> « Ainsi l'active chrysalide,
> Fuyant le jour et le plaisir,
> Va filer son trésor liquide
> Dans un mystérieux loisir.
> La nymphe s'enferme avec joie,
> Dans ce tombeau d'or et de soie,
> Qui la voile aux profanes yeux ;
> Certaine que ses nobles veilles,
> Enrichiront de leurs merveilles,
> Les rois, les belles et les dieux. »

Le ver à soie forme sa coque de trois couches très-distinctes ; la couche moyenne est la seule qui soit profitable au commerce, ou au moins, qui sans préparations dispendieuses, produise un fil non interrompu, et des tissus précieux. D'abord, l'insecte qui cesse de manger, et auquel on a offert quelques brins de bouleau ou un coffin de papier, trace un circuit, et revenant en mille façons sur lui-même, jette des fils au milieu desquels il va filer. Sa soie, il la dispose avec plus d'ordre en une coque ovalaire, et de manière que le fil, toujours couché dans le même sens, ne se mêle point par des tours mal combinés; enfin, quand il est prêt à terminer son travail, il dépense le reste de sa gomme à se faire une peau en soie, de qualité bien inférieure, très-serrée, et que le ciseau seul peut entamer. C'est dans cette coque qu'il devient chrysalide, et c'est en la quittant qu'il parvient à l'état de papillon parfait.

On ne se sert pas avantageusement de la bourre de soie, qui, beaucoup moins précieuse que la soie, exige plus de frais pour être mise en œuvre. Quand on veut retirer la soie de dessus les coques, on ôte d'abord ce duvet; on jette les cocons, avec leur soie, dans l'eau chaude, on les agite avec un petit balai à branches déliées, pour en faire saillir les bouts du fil, et on fait passer ces bouts dans de petits anneaux, de manière que si le fil se déroule lentement, l'anneau retient la coque, et l'empêche de monter jusqu'au dévidoir; sur la fin, et en approchant de la partie coriace du cocon, le fil change de nuance, et devient moins beau. On s'arrête, et cette soie de moindre qualité est dévidée à part, pour entrer dans les étoffes tissées, moitié soie et moitié coton.

Quelques personnes teignent ces coques et en font des fleurs artificielles extrêmement jolies, et aussi remarquables par leur élégance, que par l'éclat de leurs couleurs. Parfois, encore, on les carde avec la bourre ou première enveloppe, et on les file ensuite au rouet : ce fil de moindre prix a une destination moins importante.

LES CHENILLES.

En consacrant plusieurs pages au ver à soie, nous nous sommes assez longuement étendus sur la double transformation des insectes de cette classe, de chenille en fève ou chrysalide, de chrysalide en papillon, nous n'avons donc plus besoin d'y revenir ; et sous le titre générique de chenilles, que nous plaçons en tête de ce chapitre, nous nous bornerons à consigner sommairement les preuves d'industrie que donnent dans l'ordonnance de leur travail, quelques espèces de cette grande famille.

Les plus petits animaux ont des moyens, préservatifs des causes qui menacent leur existence, et l'être le plus faible a reçu de la nature des armes pour s'en servir dans le péril : la chenille est mise à l'abri des chutes, par le fil qu'elle a la faculté de rendre par ses filières. En attachant un peu de cette gomme sur la branche à laquelle elle a l'intention de se suspendre, elle la laisse filer en se précipitant, et la maintient, en cessant son travail, à la dimension qu'elle juge convenable. Ainsi attachée au milieu de l'air, elle évite les animaux sans ailes, qui pourraient l'écraser. Les poils qui couvrent tout son corps sont également pour elle un bouclier : ils ont un toucher très-délicat, et dès qu'un corps approche de leur extrémité, même la plus tenue, la chenille en est avertie, et peut se préparer à la retraite ; et c'est ainsi qu'elle quitte la branche sur laquelle une autre branche, poussée par les vents, vient à frapper : ces poils lui deviennent encore très-nécessaires pendant les pluies, elle les dispose de manière à s'en couvrir, et à éviter le contact de l'eau, l'humidité et le froid.

Enfin il faut mettre au nombre des ressources que la chenille possède, et qui lui aident à se garantir de la destruction, le rapport de couleur qui existe toujours entre son corps et les lieux qui l'environnent. Elle se confond à l'œil avec le milieu qu'elle habite, et cela suffit la plupart du temps pour tromper les oiseaux, dont le bec lui donnerait la mort. L'auteur des *Etudes de la Nature* a très-bien remarqué ces rapports dans ses *Harmonies Naturelles*, et avec son talent accoutumé, il a traité à fond une foule de questions intéressantes, que nous nous contentons d'indiquer.

La chenille n'est pas non plus dépourvue d'une sorte d'intelligence : c'est un instinct moins perfectionné que bien d'autres, mais c'est toujours un instinct. La chenille sait très-bien se placer de préférence sous la lame inférieure de la feuille qu'elle ronge, plutôt que sur la lame supérieure, parce qu'elle est plus sûre d'éviter, par cette attention, la main de l'homme, le bec des oiseaux, et l'eau du ciel. Elle fait aussi la morte, et c'est son moyen le plus ordinaire pour gagner du temps, quand un oiseau la guette : il la regarde, elle s'étend sur le côté, demeure immobile, il est distrait, aussitôt elle est sur les petits crochets qui la soutiennent ; elle les meut avec une vitesse extrême, elle est loin de ses yeux, elle est bientôt en sûreté. Dans cette position, les petits pucerons viennent parfois pour la dévorer, elle les laisse couvrir tout son corps; puis, d'un léger mouvement de tête, elle les saisit, et en fait un repas, qui dure parfois très-longtemps.

Ce qui est aussi très-remarquable, c'est la proportion qui règne entre la coque de la chenille, et le temps qu'elle doit y demeurer.

Celles qui ne prévoient qu'une léthargie de quelques jours, se contentent de rouler au moyen de leurs fils, une feuille très-tendre, et de s'y abriter après l'avoir enduite d'une glu qui la rend imperméable à l'eau, et inaltérable au soleil le plus chaud, ou bien encore, elles se laissent cheoir au bout d'un fil ; et ainsi au milieu de l'air, et la tête en bas, se transforment en un rouleau, dans lequel on ne distingue que très-difficilement les rudimens d'un animal, jusqu'au moment où elles percent cette enveloppe, que leur sueur concrète a formée autour de leur corps, pour étendre leurs ailes, et prendre possession du vaste champ des airs : d'autres, encore, qui doivent rester une année entière dans leur coque, la bâtissent en pierre ; elles se roulent à plusieurs reprises dans le sable, et finissent par s'entourer d'une véritable muraille, sous laquelle elles attendent en sûreté le jour marqué par la nature, pour leur renouvellement. Enfin, il est des chenilles qui remplacent le sable par du bois, qu'elles ont concassé, pulvérisé, uni à la glu, et réduit en une véritable pâte. On dirait de petites momies, car ces enveloppes conservent certaines formes.

La chenille n'est pas toujours dans sa coque en état de chrysalide, ou plutôt elle ne se file

pas toujours une coque, et parfois elle se contente d'un lit où elle passe le mauvais temps,
encore sous la forme de chenille : on voit, pendant l'hiver, plusieurs de ces chenilles disparaître du tronc de l'arbre qu'elles occupaient.
Si on suit leur trace, on reconnaît, dans l'angle de deux branches, au point même de la
bifurcation, un amas de fils ; et c'est sous cette
tente impénétrable au froid et aux frimas,
protégée contre l'aquilon, par les deux rameaux
qui la soutiennent, que toute la famille s'est
rendue. Par où y est-elle entrée ? Par une ouverture unique et très-petite, qui est située à
la partie inférieure de la tente, et par laquelle
un insecte plus fort ne pourrait s'introduire.
Voulez-vous savoir comment sont disposées,
dans l'intérieur, vos chenilles fugitives, il vous
faut employer de la force pour déchirer cette
enveloppe, et vous les voyez alors étendues
sur le duvet le plus moelleux, et recouvertes
par plusieurs petites bandes de même matière,
qui leur servent de draps et de rideaux.

LA TEIGNE.

L'ennemi de nos étoffes, la teigne passe sa
vie, jusqu'au jour où elle devient papillon, dans
une petite loge qui a la forme d'un manchon :

c'est elle qui la construit. Son œuf a été déposé, et avec soin, sur le cuir le plus propre, sur le drap le plus neuf, de manière que la teigne, dès en naissant, trouve sa nourriture auprès d'elle, et peu de temps après les matériaux de son habitation. Elle y pratique, comme nous l'avons dit, deux ouvertures, et tantôt elle allonge sa tête d'un côté, et tantôt de l'autre : elle ronge le poil ou le flot du drap, ou simplement elle le tond, et s'en sert pour élever ou réparer sa maison, qu'elle attache sur le fond de l'étoffe, avec un peu de colle et différens filets. Elle continue à abattre autour de l'habitation, et c'est quand elle est parvenue à la corde de l'étoffe, qu'elle songe à émigrer ; elle lève donc tous les piquets de sa tente, et l'attache à quelque distance de là, ou sur un nouveau terrain. Si elle change de drap, et que celui qu'elle quitte soit vert, tandis que celui qu'elle choisit est rouge, sa tente, qui était verte, ne tarde point à prendre la couleur du nouveau drap par les changemens et augmentations qu'elle lui fait subir. Ainsi elle évite les yeux, et se sauve de la brosse, qui en un instant renverserait ses propriétés, et compromettrait son existence.

La teigne cherche les rideaux, les étoffes, et de préférence celles qui sont de laine ; les peaux dégraissées, ou le papier, parce qu'il est fabriqué avec le chiffon, qui a perdu l'amertume du chanvre sous le pilon de la papeterie. Jamais on ne trouve une teigne sur le chou, sur la viande : ainsi, telle chenille n'attaque que telle espèce de plante, et si la nature a voulu que chaque individu créé, ait son ennemi, elle a évité que cet ennemi fût en assez grand nombre pour détruire l'espèce. Sage calcul, qui a été imité par les gouvernemens en maintes occasions. Ceux-ci permettent la chasse, mais à époque convenable, afin que les mères ne soient pas détruites au moment où elles vont produire; ils consentent à la pêche, mais ils déterminent, par des réglemens, les dimensions des mailles de chaque filet; car s'ils veulent bien que le poisson soit pris, et serve aux besoins du moment, ils ne veulent pas qu'il en soit fait une telle destruction que l'avenir en soit frustré.

LES ARAIGNÉES.

Nous ne sommes pas aussi disposés aux contrastes qu'aux analogies, tout changement brusque nous étonne, toute nuance douce d'une forme à une autre nous plaît ou nous est inaperçue. C'est à cette situation naturelle de notre esprit qu'il faut rapporter cette horreur involontaire que nous inspire l'araignée. Elle a les pattes trop grandes pour son corps, et noire de couleur, nous la rencontrons le plus souvent sur nos murailles qui sont blanches. Peut-être aussi dans notre dégoût pour l'araignée et notre effroi à son aspect, y a-t-il quelque chose qu'il faut attribuer à l'éducation et une sorte d'habitude. Jeunes encore, nous voyons les personnes qui nous entourent manifester ces sensations ; nous apprenons à sentir comme elles, et les nerfs, habitués à être émus de telle manière, éprouvent toujours la même commotion dans la même circonstance.

Parmi les araignées qui s'offrent le plus souvent à notre observation, il en est quatre surtout qui diffèrent dans leurs formes, dans leur manière de travailler leur toile et par le choix du lieu dans lequel elles ont coutume de la tendre. C'est l'araignée domestique, celle qui habite nos maisons ; l'araignée de nos jardins ; l'araignée souterraine, qui se voit dans les caves, dans les carrières ; et l'araignée vagabonde qui n'a pas comme les autres un domicile certain et qui est par conséquent moins laborieuse.

L'araignée a un œil immobile, aussi la nature lui en donne jusqu'à huit, qui, placés sur divers points de sa tête, sont autant de sentinelles qui veillent pour sa sûreté et observent des routes différentes. Ainsi en ôtant à l'œil sa mobilité, la nature l'a multiplié, et par là l'a rendu aussi propre à la fonction qu'il doit remplir. Elle arrive au même but par mille chemins différens, inépuisable qu'elle est dans ses moyens et constante dans ses fins.

La tête de l'araignée et sa poitrine sont couvertes d'une écaille, et par un ligament très-faible, elles sont attachées à son corps que couvre une peau velue. La tête est armée de deux branches qui sont hérissées de pointes disposées comme les dents de la scie et terminées par un ongle semblable à celui du chat: une petite ouverture placée à la partie inférieure de ces aiguilles ou branches rend un venin subtil. Ses deux ongles se recourbent dans deux rainures qui les reçoivent à peu près comme un couteau sa lame. Huit jambes sont armées de trois ongles crochus et mobiles et attachés à la poitrine: celles-ci sont articulées comme celles de l'écrevisse et dentelées sur leur bord intérieur.

On conçoit qu'avec ces crochets, il leur est facile de se tenir sur leurs fils, et même le dos en bas; mais ils leur seraient inutiles quand il leur faut gravir des endroits lisses, des pierres, des glaces, et la nature leur a accordé, ainsi qu'aux insectes qui doivent marcher sur des plans lisses, des organes propres à les y soutenir. Ce sont de petites éponges remplies d'une humeur visqueuse qui sert à les coller aux parties polies, sans leur rendre cependant la marche impossible. Il résulte de l'application de ces petites éponges sur le terrain qu'elles traversent, de petites taches rondes, et ce sont les points que nous apercevons sur nos glaces. Outre ses huit jambes, l'araignée en possède encore deux autres que nous pourrions appeler bras, puisqu'elle ne s'en sert pas pour marcher, mais pour saisir et retenir sa proie. Il est probable que cette pince ne lui aurait point suffi; et la nature lui donna avec les moyens de se défaire des animaux sur lesquels elle fonde sa cuisine, ceux plus précieux qui servent à l'arrêter. L'araignée, sans sa toile, serait fort embarrassée, car les insectes dont elle fournit sa table ont des ailes pour l'éviter, et elle n'en a pas pour les poursuivre. Que fait-elle ? Elle imite l'homme qui tend des filets pour prendre les oiseaux.

L'araignée ne fait sa toile dans les champs, qu'à l'époque où les insectes qui doivent s'y fourvoyer, viennent de se répandre dans l'air : elle consulte le calendrier de la nature, et il faut admettre qu'il en existe un écrit pour chaque animal dans la langue qui lui est familière ; car il n'en est pas un que nous ne voyons prévoir l'époque de sa chasse ; celle de son émigration ou celle de ses amours.

L'araignée a sous le ventre cinq mamelons formés chacun d'une quantité d'autres qui offrent des petites ouvertures semblables aux trous d'un crible et qui se ferment ou s'élargissent à la volonté de l'insecte. C'est par là que le fil s'alonge en filets gommeux, et c'est quand elle resserre ces ouvertures qu'elle demeure suspendue au bout de son fil qui cesse de croître. Ce fil, au bout duquel elle semble prendre plaisir à se balancer, lui sert encore d'échelle : elle le saisit entre ses pattes, et monte par ce moyen jusqu'au point dont elle est descendue. C'est la matière de sa toile dont voici l'usage et la fabrication.

C'est dans les coins ou près des meubles qui font saillie, que l'araignée établit sa toile de préférence ; en effet, chaque partie avancée lui sert de soutien, de point d'attache. Quand le lieu est définitivement choisi, elle y colle une parcelle de gomme, puis s'éloigne en rétrécissant les trous de sa filière, et va fixer, avec un peu de colle, assez loin de là, le fil quelle a formé. C'est sur ce premier qu'elle passe entraînant après elle le second à peu près comme un danseur court sur une corde roide. Dans ce trajet elle a soin de passer le second fil dans un crochet de ses pattes dans la peur qu'il ne se mêle avec le premier. Ces deux premiers fils bien tendus, elle s'en sert pour attacher les autres, et finit par en conduire plusieurs à la fois, qu'elle dispose afin qu'ils restent à égale distance les uns des autres entre les dents du petit peigne dont nous avons remarqué la place en parlant de son organisation.

Voilà la chaîne de la toile dressée, il ne reste plus que la trame ; ici l'araignée diffère du toilier et semble moins adroite que lui dans la fabrication de son ouvrage. En effet, elle n'entrecroise point, comme nos métiers, les fils qu'elle conduit en sens contraire des premiers, la trame enfin, elle lès applique seulement ; mais elle les colle aux premiers avec une liqueur bien autrement fixe que toutes celles que nous pourrions employer. Il faut déchirer tout le travail pour désunir ces deux parties qui n'ont été jointes que par approche. Voilà certainement la première leçon que l'homme dut recevoir quand il chercha à tisser des étoffes. L'araignée lui apprend aussi à les ourler. Elle sent le besoin que les bords de sa toile plus exposés aux chocs des corps environnans ou aux coups d'aile des insectes qui voltigent à l'entour, soient plus épais; aussi elle les double, elle les triple en passant et repassant dessus avec tous ses mamelons ouverts.

L'araignée se connaît, elle sait qu'elle est d'une forme hideuse, d'une couleur sombre, et que si elle restait en vue, les insectes n'approcheraient point. Elle se cache donc; mais à proximité de sa toile, dont elle conduit plusieurs fils dans son réduit. Deux sorties y sont pratiquées, dont une communique avec la face supérieure du filet, et l'autre avec sa face inférieure. Ainsi, au moindre signal, elle est présente partout. C'est dans cette retraite qu'elle reçoit l'avis de la prise de sa proie par les mouvemens des fils qui composent son piége: elle accourt, si l'insecte est faible, elle le met en pièces; s'il est redoutable, elle l'enveloppe d'une grande quantité de fils, et lié, presqu'aveuglé, elle en vient à bout sans peine.

Celui de tous les insectes auquel nous sommes convenus d'attacher le plus souvent l'idée de malproprété, l'araignée est peut-être le plus propre. Jamais elle ne laisserait de poussière s'amasser sur son ouvrage, elle le balaye, et d'un coup de patte qu'elle donne assez fort pour secouer les malpropretés et les faire tomber à travers les mailles, assez modéré pour ne point endommager le réseau, quelle que soit d'ailleurs sa fragilité.

La toile de l'araignée est si nécessaire à son existence, que la nature l'a pourvue de la matière de cette toile avec une largesse dont rien n'approche. Les sucs qui lui servent à travailler ne s'épuisent pas quelque abonda.. s qu'elle les demande. Vous enlevez toutes les toiles d'un appartement; la nuit s'écoule, et le lendemain vous êtes surpris de les trouver rétablies.

Les cadavres des insectes qui serviraient d'épouvantail sont aussi soigneusement mis à l'écart par l'araignée ; elle les retire dans sa loge, et là achève à loisir de les manger.

La gomme qu'elle file ne se tarit que lorsqu'elle devient vieille ; mais, pour cela, elle ne manque pas davantage de gibier, car de jeunes araignées lui en apportent : et quand elle ne trouve pas de ces bienfaisantes amies, elle chasse de vive force une jeune araignée de son trou, se met à sa place et se sert de son filet, que celle-ci va rétablir en un autre lieu, et par-là elles vivent toutes les deux.

L'araignée des jardins est toute différente, et son travail n'est pas le même : elle com-

mence par se laisser tomber de l'extrémité
d'une branche et reste suspendue au bout de
son fil jusqu'à ce que le vent la porte sur quelque point voisin. Elle s'y attache et se suspend
de nouveau jusqu'à ce que l'air se charge une
seconde fois de la poser en un troisième point,
d'où part un troisième fil. Ces premières lignes
décrites et son travail s'exécutant, elle s'assure que ces fils sont solides, en les soumettant
à une légère tension. Vers le milieu, le tiers
et le quart de chacun de ces fils elle se laisse
tomber de nouveau, et par de très - larges
mailles elle termine cette première partie de
son travail. Voici le plus difficile fait. Elle suit
après la même méthode que l'araignée domestique, et se servant de ces routes toutes tra-
cées pour achever sa toile, elle les parcourt
avec le fil qu'elle dispose toujours circulaire-
ment autour d'un centre commun, duquel elle
fait ensuite partir bon nombre de rayons. C'est
au point central de tous ces cercles qu'elle se
met en sentinelle, la tête en bas, afin de poser
son ventre qui la fatigue beaucoup sur la toile ;
et ainsi appliquée elle attend sa proie. Comme
l'araignée des salons, elle a un nid où elle porte
les débris de ses repas, où elle va passer la
nuit et les jours de pluie.

L'araignée noire ou l'araignée des caves est

moins industrieuse ; elle se contente de pratiquer, pour la liberté de ses exercices, une petite porte ronde dans la toile dont elle tend les bords du trou qu'elle habite. Elle est la plus vorace de toutes les araignées et la plus redoutable : avertie de même, par l'agitation de ses fils, de l'approche des insectes, elle accourt et ne craint pas de livrer combat, si sa victime est de force à disputer sa vie. C'est la seule des araignées qui ne craigne pas la guêpe et qui finisse, après une lutte, par l'écraser.

Les araignées vagabondes sont à l'infini : rien de plus diversifié que leur existence : toutes différentes de couleur, de forme et d'habitudes, elles habitent des lieux différens et ne poursuivent pas la même proie : elles filent en général beaucoup moins que les araignées sédentaires ; aussi, n'ayant point de toile pour arrêter l'aile de la mouche, la nature leur a donné deux petits paquets de plumes avec lesquels elles arrêtent ce mouvement d'aile qui les incommode. L'espèce la plus nombreuse d'araignée vagabonde est celle qui établit sur les champs et dans les airs ces longs filamens, d'un blanc éblouissant, que nous remarquons pendant les mois de septembre et d'octobre dans les prairies, et dont quelques-uns, partant de terre et continuant jusqu'à la hauteur des clochers, servent aux araignées d'échelle, et sur lesquels elles s'élancent comme si elles volaient. Les gens de la campagne appellent cette toile *les fils de la bonne vierge.* Dans quelques villages on la respecte assez pour ne point la rompre volontairement.

De tous les insectes l'araignée est peut-être celui qui prend le plus de soin de sa couvée et qui se mette le plus en peine de l'éducation de ses petits. Elle ne connaît point de danger qui la détourne de ses œufs ou qui lui fasse oublier les soins qu'exige l'éducation de sa lignée. On la voit très-souvent emportant avec elle sa postérité. C'est dans un sac qu'elle renferme ses œufs ; mais ce sac est d'un tissu bien supérieur en qualité à la toile ordinaire ; c'est l'ouvrage par excellence, c'est le chef-d'œuvre de l'artiste : ni peines, ni dépenses n'ont coûté pour fabriquer ce sac, qui doit recevoir un dépôt si cher. Il est facile de trouver une araignée chargée de ce précieux fardeau, de ce sac rempli d'œufs, et qui a tout l'air d'une petite boule blanche. Si on la détache de son ventre, sans la lui enlever, elle couvre ce sac, exprime un peu de gomme de ses mamelons, s'y rattache et l'emporte en un lieu plus sûr. Une espèce d'araignée, au lieu d'une boule, a ses œufs enfermés sous une espèce de calotte qu'elle applique contre le mur ou sous une feuille, mais qu'elle ne perd point de vue; toujours prête à la dérober à la moindre apparence du danger. Les araignées sont aussi bonnes mères qu'ouvrières diligentes. L'industrie de l'araignée va beaucoup plus loin encore, elle dispose (une espèce du moins) ses œufs dans des petits sacs de couleur grisâtre, puis elle les fixe contre un mur ou à la branche la plus forte d'un arbuste ; mais, comme la forme et la couleur de ces sacs précieux sont connues des oiseaux et des insectes qui ont coutume de s'en nourrir, elle cherche à tromper les yeux de ces chasseurs, en suspendant au devant des œufs un bouquet de feuilles desséchées : cette précaution est sage et suffit le plus souvent ; car les oiseaux, outre qu'ils ne sont pas attirés par les feuilles qui sont ainsi posées, sont distraits des œufs par l'agitation continuelle de ces feuilles qui, balancées au devant d'eux, empêchent qu'on puisse les remarquer. Certes voilà de hautes combinaisons.

Ce n'est point assez de cette tendresse pour ses œufs, l'araignée va plus loin encore : elle se sacrifie pour ces œufs éclos, que tant d'autres insectes abandonnent.

n'est pas rare de voir une araignée mère

porter un nombre infini de petits sur son dos : on dirait d'abord de quelques petits points rugueux, mais dès qu'on les touche, les petits se mettent à courir le long des fils avec une vitesse extrême comparativement à leur force, et ne reviennent sur l'épaule de la mère que lorsque le péril est passé.

Voici les traits principaux que fournit l'histoire des araignées en général ; mais l'observateur, mis sur la voie par ces premières données, découvrira dans les variétés infinies de cette espèce, des combinaisons dont nous n'avons pu tenir compte, et des variétés si diversifiées, que chaque jour une observation nouvelle lui procurera une nouvelle jouissance : nous lui promettons même qu'il finira par aimer l'araignée, quelque dégoût qu'elle lui inspire.

LES FOURMIS.

Comme l'abeille, la fourmi vit en communauté ; elle a ses lois, ses occupations journalières et ses habitudes naturelles et de convention. C'est une ville que la demeure des fourmis où des rues couvertes, de véritables corridors aboutissent à de grands magasins. Rien n'égale leur avarice et leur adresse à

marauder. Elles sont avares, Lafontaine l'a dit :
La fourmi n'est pas prêteuse, et cette phrase,
comme toutes celles qui sont sorties de la plume
du bonhomme, est devenue *proverbe*. La
fourmi n'est pas prêteuse, et comment pourrait-elle l'être ? Qu'on réfléchisse à toutes les
fatigues qu'il lui faut supporter pour amener
ses provisions jusqu'à son logis, que l'on fasse
le compte de ses nombreux enfans qu'il lui
faut nourrir, qu'il lui faut élever, et on ne lui
reprochera plus un défaut qui, dans sa position, nous paraîtra vertu. Celui-là est peu prodigue qui acquiert avec peine, et la générosité
que l'on admire tant n'est souvent que la facilité que l'on éprouve à dépenser ce que l'on
a recueilli sans travail.

* La fourmi, quand elle est en maraude, met
en œuvre des ressources que les autres insectes ignorent ou négligent. Elle les surpasse en
ce sens que tous ses mouvemens paraissent
plus combinés et qu'elle ne va point au pillage,
mais qu'elle semble faire sa récolte. Dès que
l'expédition est arrêtée, des éclaireurs sont
envoyés à la découverte, et sur les renseigne-
mens qu'ils apportent, des détachemens se
mettent en route dont le nombre est toujours
proportionné à la quantité, à la qualité des alimens qu'on a découverts, ou aux périls de

l'entreprise, ou même encore aux difficultés, à la longueur du voyage. Si lemauvais état des chemins retarde le premier détachement, un second est envoyé à sa rencontre qui se charge de ses provisions, et si cette seconde troupe, qui a fait la moitié de la route, tarde trop à rentrer aux magasins, une troisième est dépêchée qui, le plus souvent, trouve la première à un tiers du chemin, et partage les fardeaux avec elle jusqu'à l'arrivée aux greniers qui sont disposés pour les recevoir. Parfois aussi les fourmis se placent par échelons, et sans faire de longs chemins, elles parviennent en peu de temps à dévaliser l'endroit le plus fécond en provisions. C'est surtout à l'époque de la moisson qu'elles se mettent en route. Les épis, qui pour elles sont plus gros que des chênes, sont-ils abattus, outre qu'elles ont moins de peine à parcourir le champ, elles y trouvent en outre un plus grand nombre de grains. Ce n'est point, comme on l'a faussement avancé, pour se nourrir pendant l'hiver, que les fourmis amassent de si nombreuses provisions, puisque pendant l'hiver elles sont plongées dans un engourdissement léthargique, et qu'elles ne mangent pas; mais c'est afin de nourrir leurs petits qu'elles chérissent d'un amour extrême. Comme les chenilles, les fourmis sont aussi d'abord à l'état de ver, passent ensuite à celui de chrysalide, et finissent par devenir fourmis. On croirait volontiers que les petits des fourmis une fois enveloppés de leur coque et dans un état de mort apparent, ne devraient plus inquiéter leurs parens, puisqu'ils cessent d'avoir besoin de nourriture, et c'est peut-être au contraire l'époque où ils les occupent davantage. Il est incroyable combien les fourmis se donnent de peines pour rendre à ces fèves la température favorable, et les maintenir dans un état de chaleur convenable et à une exposition calculée : selon que le temps est plus ou moins froid, elles les changent de place et les éloignent ou les rapprochent de la superficie du sol. Après la pluie, elles les étalent aux rayons du soleil, après une chaleur excessive, elles les exposent à la rosée ; enfin, pendant les nuits qui ordinairement sont plus froides, elles les descendent à plus d'un pied sous terre.

Si on calcule, d'après la taille de ce petit insecte, les fardeaux qu'il traîne et qui sont quelquefois doubles de son corps en grosseur, on lui donnera le prix de la force parmi tous les animaux. Jetez dans une fourmilière un lézard, un oiseau, vous le trouverez, en très-peu de temps, disséqué plus exactement que

ne le saurait faire l'instrument le plus tran-
chant conduit par la main la plus habile.

La fourmi acquiert-elle des ailes en devenant plus âgée, ou bien est-ce une espèce particulière de fourmis qui seulement est ailée :
la question a été long-temps agitée parmi les
naturalistes.

La vie commune de la fourmi est de quatre
ans environ, quelques-unes vont jusqu'à cinq
ans, mais, la plupart du temps, elles servent
de nourriture aux perdreaux avant d'atteindre
à cette grande vieillesse.

LES VAGVAGUES.

Les *vagvagues* ou *termès* sont des insectes
originaires de l'Amérique, qui ont avec les
fourmis des ressemblances frappantes, et qui
n'en diffèrent beaucoup que par la couleur :
ils sont blancs. Voilà ce que rapportent les auteurs qui ont traité de cet animal.

« Ces fourmis, connues en Amérique parce
qu'elles voyagent en grandes troupes, creusent
des espèces de caves qui ont jusqu'à huit pieds
de profondeur, et qu'elles façonnent comme
les hommes pourraient le faire. Quand elles
veulent passer d'un point à un autre, elles for-

ment un pont de la manière suivante : La première se place près d'un morceau de bois qu'elle tient serré entre ses dents; une seconde s'attache derrière la première, et ainsi de suite. De cette façon, elles se laissent emporter au vent jusqu'à ce que la dernière attachée se trouve de l'autre côté, et aussitôt un million de fourmis passent sur celles-ci qui leur servent de pont. »

Certes, il y a dans ce rapport quelque peu de fable; mais ce que les naturalistes nous rapportent de cet insecte est aussi miraculeux que ce qu'en disent les voyageurs.

On compte cinq espèces de termès, le *belliqueux*, le *mordant*, l'*atroce*, le *destructeur* et le *termès des arbres*. Les uns élèvent leurs nids au-dessus du sol, les autres sur les arbres, d'autres les construisent souterrains.

Les édifices les plus élevés sont ceux des belliqueux. Ils ont jusqu'à dix ou douze pieds d'élévation au-dessus du sol et la figure d'un pain de sucre. Ce sont les *Pyramides d'Egypte* des insectes. Aussi durs que ces masses indestructibles, les cônes des termès ne craignent ni la main de l'homme ni le choc furieux des taureaux sauvages. L'insecte a tout au plus un quart de pouce de longueur, et ces édifices sont, eu égard à ses dimensions, cinq fois plus grands pour lui que la plus haute des *pyramides d'Egypte* ne l'est pour l'homme. L'ordonnance de ces monumens est régulière, la distribution en est inextricable. On trouve dans tous une *chambre royale* destinée au père et à la mère de famille ; des appartemens communs où sont élevés les petits, où doivent éclore les œufs des nourricières ; et des *magasins* ou *officines* dans lesquels sont rangés une quantité innombrable de petits pains de gomme qui est extraite des plantes dont les sucs ont été soumis à une véritable élaboration. Dans toutes ces habitations, les petites cellules ont une forme très-irrégulière , et sont un labyrinthe dont l'insecte seul connaît le fil.

La *chambre royale* est en communication avec toutes les parties de l'édifice par un nombre considérable de petits corridors ; elle est au sommet du cône, et la base de ce même cône est occupée par des galeries plus larges que le plus gros canon, et dans lesquelles les travailleurs vont broyer le gravier dont ils composent ensuite leur mortier. Cette pâte pierreuse sert à la construction de toutes les chambres de l'édifice, celles des nourricières exceptées. Celles-ci sont en bois.

Le *termès* mordant n'élève son nid qu'à deux pieds de hauteur, et le couvre d'une vé-

ritable toiture, de manière qu'il a l'aspect
d'un petit colombier. Quant aux termès des
arbres, leur habitation qui d'ordinaire est posée sur les arbres et sur les toits des maisons,
est toujours de forme cylindrique. Elle est de
bois et de parties gommeuses ; et il n'est pas
rare d'en voir de la grosseur d'une barrique à
sucre.

Le termès belliqueux se divise en deux classes, l'une très-pacifique qui forme les quatre-
vingt-dix-neuvièmes de la population, et qu'on
appelle les *travailleurs*, et l'autre, ou les *guerriers*, qui a fait donner le nom à l'espèce. Ceux-
ci ont des yeux très-saillans et plus longs d'un
demi-pouce que les autres, ils percent avec une
extrême facilité les corps les plus durs, et font
des piqûres très-dangereuses. Quelques termès enfin sont privilégiés et ont des ailes.

Les Africains font une guerre ouverte à ces
animaux lorsque le temps devient humide,
époque qu'ils choisissent de préférence pour
émigrer. Leur troupe est d'un million et plus ;
mais les habitans et les oiseaux et les reptiles,
en détruisent un si grand nombre, qu'à peine
s'il reste un couple capable de reproduire.

Ce couple rentré au nid, après avoir échappé
à la destruction, est l'objet d'un culte. Les travailleurs l'enferment dans la chambre royale

et le tiennent en abondance de toutes choses, tandis que les soldats veillent à sa sûreté, et le préservent de toute atteinte; c'est ce couple qui doit rétablir les pertes de la colonie. La femelle ne tarde pas à devenir deux mille fois plus volumineuse par le ventre, que dans tout le reste du corps, et elle pousse ses œufs au-dehors, au nombre de plus de cinquante en quelques secondes : on prétend qu'elle peut en fournir ainsi jusqu'à cent mille dans la journée. Les travailleurs enlèvent ces œufs aussitôt qu'ils sont pondus, et les portent dans les *nourriceries*. Après cette précaution, avons-nous besoin d'ajouter qu'ils élèvent les petits qui en sortent avec une sollicitude presque maternelle.

Il est assez divertissant, quand d'ailleurs on a pris quelques précautions auxquelles le courage et l'opiniâtreté de l'animal oblige de recourir, de faire une brèche à l'édifice des termès. On voit un guerrier, placé sans doute en sentinelle, qui paraît aussitôt : deux autres surviennent bientôt, un plus grand nombre s'assemble, puis on voit tout un escadron s'élancer au dehors, le dard tiré, et malheur à l'imprudent qui ne battrait pas en retraite; car le termès fait une profonde piqûre, et se laisse arracher par morceaux, plutôt que de lâcher prise. S'éloigne-t-on? tous les soldats rentrent dans la ville, et les travailleurs, la bouche pleine de mortier, accourent sur la brèche, la réparent, et ne quittent le travail que lorsque l'ouverture est entièrement fermée : on prétend même que dans ces circonstances, une escouade de soldats reste au dehors pendant la nuit, afin de donner l'éveil si l'ennemi osait revenir à la charge.

Avec les instrumens qui leur ont été donnés pour attaquer le bois, on conçoit que les termès sont pour les habitations des voisins très-dangereux : une espèce surtout, *le termès destructeur*, a été souvent cause de la destruction totale des maisons les mieux bâties. Ces ennemis arrivent par des chemins couverts jusqu'aux fondemens de l'édifice, et comme ils percent et hachent tout le bois qui s'y rencontre, ils finissent par être redoutables, et parfois même, au moment où l'on s'aperçoit du dégât, il n'est plus au pouvoir du propriétaire de le réparer. Les fourmis de nos pays, quand par le voisinage d'une terrasse elles prennent possession dans une maison, produisent les mêmes désastres. J'en ai vu tomber par milliers d'une solive qu'elles avaient entièrement détruite, et à laquelle il ne restait que le plâtre, qui avait dérobé aux yeux tout leur travail. Par ce petit insecte, tous les étages supérieurs avaient été exposés à une ruine complète. Le termès destructeur n'est pas moins dangereux pour les magasins ; car il n'est pas de toiles, quelque préparées qu'elles puissent être, pas de caisses ni de tonneaux, qui parviennent à préserver les marchandises. Tout est sacrifié !

Les termès, quand ils voyagent, observent un ordre, une surveillance, qu'envierait presque la discipline militaire : des colonnes sont disposées sur quinze de front, et composées chacune de travailleurs et de quelques soldats : d'autres soldats marchent sur deux files, et des deux côtés de la troupe, pour protéger sa marche, tandis que d'autres, placés sur des plantes élevées, sont en vedettes, et appellent l'attention des voyageurs, par un crépitement à l'aspect du moindre danger. Les voyageurs répondent par un long sifflement, et l'on suspend ou l'on continue cette promenade militaire. Quand la troupe rentre en terre, c'est par quelques trous creusés par l'avant-garde.

D'autres armées de fourmis noires, et d'une espèce différente, voyagent aussi de la même manière : elles sont remarquables par l'étendart qu'elles portent : après avoir dépouillé un arbre de toutes ses feuilles, elles découpent celles-ci en petits morceaux, de la forme d'une pièce de dix sous, et portent ainsi chacune un parasol ; ce qui rend très-plaisant l'aspect de la petite caravane.

LA MOUCHE.

La mouche commune n'est pas à ranger au nombre des insectes les plus industrieux, et cependant il est une attention de laquelle elle ne s'écarte jamais, et qui est si nécessaire à son existence, qu'il est très-beau à elle de ne point la négliger.

Il n'est personne qui n'ait remarqué combien fréquemment la mouche s'arrête dans sa marche, pour passer ses pattes sur ses ailes, et, au premier abord, on ne conçoit pas toute l'utilité, qui justifie un acte aussi souvent répété. C'est que la mouche n'ignore pas que sans cette précaution, la fumée, la poussière, la pluie, le brouillard même, chargeraient ses ailes, et accableraient son corps délicat. Aussi elle secoue les brosses dont la nature l'a pourvue, elle frotte ses pattes l'une contre l'autre, et les passe toutes deux dessus ses ailes et dessous, ramènant enfin ces époussettes par-dessus sa tête ; ce qui lui sert à nettoyer ses yeux.

Ces soins remplis, elle distingue de plus loin, et plus sûrement, l'enfant qui la menace de la faire servir à ses jeux barbares, et la boutique de la marchande, dont elle va picorer l'étalage. Elle oublierait de faire sa toilette, qu'elle serait prise à l'improviste, et que ses ailes, inhabiles au vol, ne pourraient la sauver.

LE CYNIPS.

Cet insecte, dont les espèces et les variétés sont innombrables, est surtout remarquable dans celui de ses genres, qui habite le chêne, et qui confie à ce roi des végétaux, l'espérance de sa fécondité.

Le cynips du chêne perce le jeune bouton ou la feuille de cet arbre, et dépose dans l'ouverture qu'il pratique, ses œufs, et une goutte d'une substance extrêmement amère. Ce poison de l'insecte produit une sorte de fermentation étrangère, qui attire en cet endroit les sucs nourriciers du végétal, et la forme comme la couleur des parties voisines, sont altérées par ce travail contre nature. La sève détournée de son chemin afflue autour de l'œuf, et y produit un renflement, qui se durcit au dehors, et enveloppe le jeune cynips d'une espèce de voûte : c'est cette voûte ou noyau dans lequel s'établit une véritable circulation végétale, qui finit par prendre assez d'accroissement, sous le nom de noix de galle. Le vermisseau trouve, avec sa nourriture, un logement spacieux dans ce local, jusqu'à ce qu'il se change en nymphe, et de nymphe en cynips. Alors il perce son enveloppe, et devient aussi vagabond qu'il était solitaire.

Sa demeure ne reste toutefois pas sans locataire : d'ordinaire une petite araignée le remplace, et tend ses filets dans un lieu déjà si convenablement disposé pour elle.

Parfois, encore, le cynips n'est point développé à temps, et l'automne survenant, la noix de galle tombe avec la feuille. Elle ne reçoit plus de sucs végétaux; mais l'insecte ne se développe qu'au printemps suivant, et il trouve encore assez de substance dans l'intérieur de la coque pour s'y nourrir, jusqu'au moment où il ira vivre au grand air.

C'est cette noix de galle, produite par le chêne, par le cynips, substance végétale et animale tout ensemble, qui sert, avec une quantité suffisante de vitriol, à fabriquer l'encre. Je me serais montré ingrat si j'avais mis en oubli le *cynips*, auquel j'ai dû la matière même avec laquelle j'ai écrit ces pages.

On a cru pendant long-temps que la co-

chenille, cette espèce de petites graines rouges que nous envoie le commerce, était produite, comme la noix de galle, par la piqûre d'un insecte. Depuis on s'est assuré que c'était l'insecte lui-même : la manière dont les Américains le recueillent, et le font multiplier, est assez curieuse pour mériter d'être rapportée ici.

C'est le *nopal*, espèce de figuier à feuilles épaisses, qui nourrit les *cochenilles*. Les habitans qui le cultivent, y apportent, aux approches de la saison des pluies, plusieurs petits pucerons qui en mangent les parties vertes. Quand les pluies sont passées et qu'ils sont devenus forts, on les met au nombre de douze ou quinze dans des petits paniers de mousse, appelés *pastles* dans le pays, et qui leur servent de nids. Les mères meurent après avoir fait leurs petits, et ces petits sortent du panier et se répandent sur le *nopal*, où en trois mois ils grossissent assez pour produire une autre couvée.

On laisse vivre cette seconde couvée, et avec des instrumens appropriés on enlève toute la première, que l'on porte au logis.

Les Américains font sécher les cochenilles sur des lames de tôle ou au four : quelquefois ils les tuent en les précipitant dans l'eau chaude. Celle qui est mise à l'eau est d'un brun-roux, celle qu'on tue au four est de couleur cendrée, et celle qui a été grillée à la poêle est noire, et paraît brûlée.

LE MONDE D'INSECTES,

OU LES HABITANS DU FRAISIER.

Comme, en terminant la première partie de ce recueil, nous avons cité Sterne et M. de Buffon, et tiré de ces deux auteurs des passages concernant l'âne, qu'on lira avec plus de plaisir que les nôtres ; nous croyons, pour quitter la plume après de belles pages et pour que *la fin*, comme l'on dit, *couronne l'œuvre*, pouvoir emprunter aux Études de la Nature de M. Bernardin de Saint-Pierre, une description remplie de grâce et de richesse, comme aussi à un *anonyme* une fiction allégorique, pleine de malignité et de philosophie.

« Un jour d'été, dit l'auteur des Études, pendant que je travaillais à mettre en ordre quelques observations sur les harmonies de ce globe, j'aperçus sur un fraisier qui était venu par hasard sur ma fenêtre, de petites mouches

si jolies, que l'envie me prit de les décrire.
Le lendemain j'en vis d'une autre sorte, que
je décrivis encore. J'en observai pendant trois
semaines, trente-sept espèces toutes différentes ; mais il en vint à la fin un si grand
nombre et d'une si grande variété, que je lais-
sai là cette étude, quoique très-amusante,
parce que je manquais de loisir, et, pour dire
la vérité, d'expressions.

» Les mouches que j'avais observées étaient
toutes distinguées les unes des autres par leurs
couleurs, leurs formes, leurs allures. Il y en
avait de dorées, d'argentées, de bronzées, de
tigrées, de rayées, de bleues, de vertes, de
rembrunies, de chatoyantes. Les unes avaient
la tête arrondie comme un turban, les autres
allongée en pointe de clou, à quelques-unes
elle paraisait obscure comme un point de ve-
lours noir ; elle étincelait à d'autres comme
un rubis. Il n'y avait pas moins de variété dans
leurs ailes ; quelques-unes en avaient de longues
et de brillantes comme des lames de nacre ;
d'autres, de courtes et de larges, qui ressem-
blaient à des réseaux de la plus fine gaze. Chacune avait sa manière de les porter et de s'en
servir. Les unes les portaient perpendiculairement, les autres horizontalement, et semblaient prendre plaisir à les étendre. Celles-ci

volaient en tourbillonnant à la manière des
papillons ; celles-là s'élevaient en l'air, en se
dirigeant contre le vent, par un mécanisme à
peu près semblable à un cerf-volant de papier
qui s'élève en formant avec l'axe du vent un
angle, je crois, de vingt-deux degrés et demi.
Les unes abondaient sur cette plante pour y
déposer leurs œufs ; d'autres, simplement pour
s'y mettre à l'abri du soleil. Mais la plupart y
venaient pour des raisons qui m'étaient inconnues ; car les unes allaient et venaient dans
un mouvement perpétuel, tandis que d'autres
ne remuaient que la partie postérieure de leur
corps. Il y en avait beaucoup qui étaient immobiles, et qui étaient peut-être occupées,
comme moi, à observer. Je dédaignai, comme
suffisamment connues, toutes les tribus des
autres insectes qui étaient attirées sur mon
fraisier, telles que les limaçons qui se nichaient
sous les feuilles, les papillons qui voltigeaient
autour, les scarabées qui en labouraient les
racines, les petits vers qui trouvaient le moyen
de vivre dans le parenchyme, c'est-à-dire dans
la seule épaisseur d'une feuille ; les guêpes et
les mouches à miel qui bourdonnaient autour
de ses fleurs, les pucerons qui en suçaient les
tiges, les fourmis qui léchaient les pucerons ;
enfin les araignées qui, pour attraper ces dif-

férentes proies, tendaient leurs filets dans le voisinage.

» Quelque petits que fussent ces objets, ils étaient dignes de mon attention, puisqu'ils avaient mérité celle de la nature. Je n'eusse pu leur refuser une place dans son histoire générale, lorsqu'elle leur en avait donné une dans l'univers. Si j'eusse écrit l'histoire de mon fraisier, il eût fallu en tenir compte. Les plantes sont les habitations des insectes, et on ne fait point l'histoire d'une ville sans parler de ses habitans. D'ailleurs mon fraisier n'était point dans son lieu naturel, en pleine campagne, sur la lisière d'un bois ou sur le bord d'un ruisseau, où il eût été fréquenté par bien d'autres espèces d'animaux. Il était dans un pot de terre, au mileu des fumées de Paris. Je ne l'observais qu'à des momens perdus ; je ne connaissais point les insectes qui le visitaient dans le cours de la journée, encore moins ceux qui n'y venaient que la nuit. J'ignorais quels étaient ceux qui le fréquentaient pendant les autres saisons de l'année, et le reste de ses relations avec les reptiles, les amphibies, les poissons, les oiseaux, les quadrupèdes et les hommes surtout qui comptent pour rien tout ce qui n'est pas à leur usage.

» Mais il ne suffisait pas de l'observer, pour

ainsi dire, du haut de ma grandeur; car, dans ce cas, ma science n'eût pas égalé celle d'une des mouches qui l'habitaient. Il n'y en avait pas une seule qui, le considérant avec ses petits yeux sphériques, n'y dût distinguer une infinité d'objets que je ne pouvais apercevoir qu'au microscope, avec des recherches infinies. Leurs yeux mêmes sont très-supérieurs à cet instrument, qui ne nous montre que les objets qui sont à quelques lignes de distance, tandis qu'ils aperçoivent, par un mécanisme qui est tout-à-fait inconnu, ceux qui sont auprès d'eux et au loin. Ainsi mes mouches devaient voir d'un coup d'œil, dans mon fraisier, une distribution et un ensemble de parties que je ne pouvais observer au microscope que séparées les unes des autres et successivement.

» En examinant les feuilles de ce végétal, au moyen d'une lentille de verre qui grossissait médiocrement, je les ai trouvées divisées par compartimens, hérissées de poils, séparées par des canaux et parsemées de glandes. Ces compartimens m'ont paru semblables à de grands tapis de verdure, leurs poils à des végétaux d'un ordre particulier, parmi lesquels il y en avait de droits, d'inclinés, de fourchus, de creusés en tuyaux, de l'extrémité desquels sortaient des gouttes de liqueur; et leurs canaux, ainsi que leurs glandes, me paraissaient remplis d'un fluide brillant. Sur d'autres espèces de plantes, ces poils et ces canaux se présentent avec des formes, des couleurs et des fluides différens.

» Il y a même des glandes qui ressemblent à des bassins ronds, carrés ou rayonnans. Or la nature n'a rien fait en vain. Quand elle dispose un lieu propre à être habité, elle y met des animaux. Elle n'est pas bornée par la petitesse de l'espace. Elle en a mis avec des nageoires dans de simples gouttes d'eau, et en si grand nombre, que le physicien Lewenhoek y en a compté des milliers. On peut donc croire par analogie qu'il y a des animaux qui paissent sur les feuilles des plantes, comme les bestiaux dans nos prairies, qui se couchent à l'ombre de leurs poils imperceptibles et qui boivent dans leurs glandes, façonnées en soleils, des liqueurs d'or et d'argent. Chaque partie des fleurs doit leur offrir des spectacles dont nous n'avons point d'idées. Les anthères jaunes des fleurs, suspendus sur des filets blancs, leur présentent de doubles solives d'or en équilibre sur des colonnes plus belles que l'ivoire; les corolles, des voûtes de rubis et de topaze d'une grandeur incommensurable; les nectaires, des fleuves de sucre; les autres parties de la floraison, des coupes, des urnes, des pavillons, des dômes, que l'architecture et l'orfévrerie des hommes n'ont pas encore imités.

» Je ne dis point ceci par conjecture; car un jour ayant examiné au microscope des fleurs de thym, j'y distinguai, avec la plus grande surprise, de superbes *amphores* à long cou, d'une matière semblable à l'améthiste, du milieu desquelles semblaient sortir des lingots d'or fondu. Je n'ai jamais observé la corolle de la plus petite fleur, que je ne l'aie vue composée d'une manière admirable, demi-transparente, parsemée de brillans et teinte des plus vives couleurs. Les êtres qui vivent sous leurs riches reflets, doivent avoir d'autres idées que nous de la lumière et des autres phénomènes de la nature. Une goutte de rosée qui filtre dans les tuyaux capillaires et diaphanes d'une plante, leur présente des milliers de jets d'eau; fixée en boule à l'extrémité d'un de ses poils, un océan sans rivage; évaporée dans l'air, une mer aérienne. Ils doivent donc voir les fluides monter au lieu de descendre, s'élever en l'air au lieu de tomber. Leur ignorance doit être aussi merveilleuse que leur science. Comme ils ne connaissent à fond que l'harmonie des plus petits objets, celle des grands doit leur échapper. »

LES INSECTES D'UN JOUR,

SUR L'HYPANIS.

Un passage de Cicéron, dont nous allons offrir la traduction, a donné l'idée à l'auteur de continuer une pensée qui, féconde en développemens, ne l'a pas moins été en critiques malignes de nos prétentions et de notre importance.

Voici le passage de Cicéron traduit des *Tusculanes.*

« Aristote dit qu'il y a sur la rivière Hypanis de petites bêtes qui ne vivent qu'un jour. Celle qui meurt à huit heures du matin, meurt en sa jeunesse, celle qui meurt à cinq heures du soir, meurt en sa décrépitude. »

Voici comment l'anonyme s'est approprié cette idée : il a mis en scène un petit insecte hypanien, très-fier de sa vie de douze heures, et qui a bien l'air de l'homme, qui, après avoir existé un siècle, veut que cet espace soit quelque chose en présence de l'éternité.

« Supposons, dit l'anonyme, qu'un des plus robustes de ces hypaniens, fut, selon ces nations, aussi ancien que le temps même ; il aura commencé à exister à la pointe du jour, et par la force extraordinaire de son tempérament, il aura été en état de soutenir une vie active, pendant le nombre infini de dix ou douze heures : durant une si longue suite d'instans, par l'expérience et par ses réflexions sur tout ce qu'il a vu, il doit avoir acquis une haute sagesse; il voit ses semblables qui sont morts sur le midi, comme des créatures heureusement délivrées du grand nombre d'incommodités auxquelles sa vieillesse est sujette. Il peut avoir à raconter à ses petits-fils, une tradition étonnante de faits, antérieurs à tous les mémoires de la nation. Le jeune essaim, composé d'êtres qui peuvent avoir vécu une heure, approche avec respect de ce vénérable vieillard, et écoute avec vénération ses discours instructifs. Chaque chose qu'il leur racontera, paraîtra un prodige à cette génération, dont la vie est si courte. L'espace d'une journée leur paraîtra la durée entière du temps, et le crépuscule du jour sera appelé, dans leur chronologie, la grande ère de leur création.

« Supposons maintenant que ce vénérable insecte, ce Nestor de l'Hypanis, un peu avant sa mort, et environ l'heure du coucher du soleil, rassemble tous ses descendans, ses amis et ses connaissances, pour leur faire part en mourant de ses derniers avis, ils se rendent de toutes parts sous le vaste abri d'un champignon, et le sage moribond s'adresse à eux de la manière suivante :

» Amis et compatriotes, je sens que la plus longue vie doit avoir une fin. Le terme de la mienne est arrivé ; et je ne regrette pas mon sort, puisque mon grand âge m'était devenu un fardeau, et que pour moi il n'y a plus rien de nouveau sous le soleil. Les révolutions et les calamités qui ont désolé mon pays, le grand nombre d'accidens particuliers auxquels nous sommes tous sujets, les infirmités qui affligent notre espèce, et les malheurs qui me sont arrivés dans ma propre famille ; tout ce que j'ai vu dans le cours d'une longue vie ne m'a que trop appris cette grande vérité, qu'aucun bonheur placé dans les choses qui ne dépendent pas de nous, ne peut être assuré ni durable. Une génération entière a péri par un vent aigu ; une multitude de notre jeunesse imprudente a été balayée dans les eaux par un vent frais et inattendu. Quels terribles déluges ne nous a pas causés une pluie soudaine ! Nos abris même les plus solides ne sont pas à l'abri d'un orage de grêle. Un nuage sombre fait trembler tous les cœurs les plus courageux.

» J'ai vécu dans les premiers âges et conversé avec des insectes d'une plus haute taille, d'une constitution plus forte, et je puis dire en-

» core d'une plus grande sagesse qu'aucun de
» ceux de la génération présente. Je vous conjure
» d'ajouter foi à mes dernières paroles, quand
» je vous assure que le soleil qui nous paraît
» maintenant au delà de l'eau et qui semble
» n'être pas éloigné de la terre, je l'ai vu autrefois fixé au milieu du ciel et lancer ses rayons
directement sur nous. La terre était beaucoup
plus éclairée dans les âges reculés, l'air beaucoup plus chaud et nos ancêtres plus sobres et
plus vertueux. Quoique mes sens soient affai-
blis, ma mémoire ne l'est pas; je puis vous
assurer que cet astre glorieux a du mouvement.
J'ai vu son premier lever sur le sommet de cette
montagne, et je commençai ma vie vers le
temps où il commença son immense carrière.
Il a, pendant plusieurs siècles, avancé dans le
ciel avec une chaleur prodigieuse et un éclat
dont vous ne pouvez avoir aucune idée et que
sûrement vous n'auriez pu supporter ; mais
maintenant, par son déclin et une diminution
sensible dans sa vigueur, je prévois que toute
la nature doit finir en peu de temps, et que
ce monde va être enseveli dans les ténèbres
en moins d'une centaine de minutes.

» Hélas ! mes amis, combien ne me suis-je
pas autrefois flatté de l'espérance trompeuse
d'habiter toujours cette terre ! Quelle magni-

ficence dans les cellules que je me suis moi-
même creusées ! Quelle confiance n'avais-je
pas mise dans la fermeté de mes membres et
les ressorts de leurs jointures, et dans la force
de mes ailes ! Mais j'ai assez vécu pour la
nature et pour la gloire ; et aucun de ceux que
je laisse après moi n'aura la même satisfaction
en ce siècle de ténèbres et de décadence, que
je vois commencer. »

CONSIDÉRATIONS GÉNÉRALES,

ET

CITATIONS.

Il est peu d'ouvrages qui obtiennent un succès de longue durée, et qui n'offrent pas un côté moral, qui ne renferment aucune de ces vérités éternelles, fécondes en réflexions, et dont la méditation plaît à l'homme autant et plus long-temps que les plaisirs mêmes : voilà peut-être pourquoi l'apologue eut tant de succès à une certaine époque, où les rois, au lieu de se faire la guerre, s'envoyaient des allégories à deviner, et des énigmes à résoudre ; où l'esclave obtenait sa liberté, lorsque sous le voile ingénieux de la fable, il avait donné à son maître un conseil utile, et corrigé en lui un défaut sans blesser son amour-propre. Il faut en convenir, aujourd'hui aussi-bien qu'alors, les idées morales sont bien reçues des hommes, rassemblés en masse, et il est aussi rare que la foule n'applaudisse pas au théâtre une pensée de vertu noblement exprimée, qu'il est facile de trouver dans toutes les anecdotes, dans toutes les chansons qui deviennent populaires, quelque sentiment délicat, quoique rendu par des expressions grossières. Cette observation fait honneur à l'humanité. Elle peut-être utile aux auteurs, et, parmi eux, il en est qui lui doivent une grande part de leurs succès. Ce que l'on est convenu d'appeler *l'intérêt* dans un ouvrage, n'est souvent autre chose que l'art avec lequel l'écrivain a su y mêler la morale; car on ne trouve intéressant un ouvrage, qu'autant qu'il émeut, et on ne saurait procurer des émotions durables, profondes et douces tout à la fois, que l'on n'en puise les causes dans l'honneur et dans la vertu.

Trop heureux dans le sujet que nous avons traité, nous avons eu sans cesse, et même à notre insu, des considérations toutes sublimes à joindre aux faits que nous avions à raconter; et, dès le départ, nous étant promis de ne peindre pour ainsi dire que dans leur partie morale, les êtres que nous allions rencontrer sur notre route, nous avons pu, en mille endroits, expliquer la supériorité de la créature, par sa divine origine, ou opposer à sa faiblesse la puissance et la majesté du créateur. Partout nous avons été soutenus par cet avantage de notre position, et nous ne devrons qu'au sujet même, l'indulgence qui pourra nous être accordée.

Sans doute on nous accusera d'inexactitude, et on trouvera notre travail incomplet : nous irons au-devant du blâme, et peut-être paraîtrons-nous plus coupables encore en avouant que s'il est des animaux qui méritaient d'être placés dans ce recueil, et qui n'y sont pas même nommés, c'est qu'ils ne nous sont pas connus; car, nous avons pris à tâche de ne rien négliger de ce qui était à notre connaissance, et nous ne nous apercevons en ce moment même, que de deux omissions. Nous n'avons rien dit du raisonnement que doit se faire le scorpion, insecte très-commun dans le midi de la France, lorsqu'entouré d'un cercle de feu, il se donne la mort pour abréger ses souffrances, et ôter ce triomphe à ceux qui l'ont jeté au centre du bûcher. Mais si nous n'avons pas cité ce suicide héroïque d'un insecte, c'est que Réaumur est le seul qui rapporte qu'ayant soumis plusieurs scorpions à l'expérience, il les vit, se roulant sur eux-mêmes, se plonger dans la tête le dard dont leur queue est pourvue, et expirer au même instant; tandis que depuis ce savant naturaliste, un grand nombre d'expériences, répétées avec le plus grand soin, ont démenti la sienne par un résultat tout différent; et que son autorité, si respectable d'ailleurs, a cessé, dans ce cas, de nous paraître suffisante. Nous avons bien aussi quelques excuses à faire au cheval de fiacre, qui, au milieu de l'abjection dans laquelle le plonge son pénible et laborieux esclavage, conserve encore assez de présence d'esprit pour atteindre au fond du sac le reste d'un repas, que le cocher lui a présenté, sans s'inquiéter comment il ferait pour l'achever. Le pauvre animal, qui trouve la portion entière à peine égale à ses besoins, n'a garde d'en perdre; et dépourvu de membres qui puissent approcher de sa bouche les derniers grains qui couvrent le fond du sac, il les atteint, bien que trop éloignés pour que sa langue les saisisse. Il pose, par un mouvement de tête, bien déterminé par la réflexion, ce sac sur le timon auquel il est attaché, même à l'heure du repas, heure de repos pour tous les êtres : par là, il parvient à le ployer, et ne laisse échapper aucun de ces alimens qui doivent soutenir sa fâcheuse existence. O toi ! qui à tout instant sens une souffrance physique, qui peut-être n'es point exempt d'une douleur morale, que ne peux-tu, susceptible d'orgueil comme tu l'es, recevoir ce faible hommage, et respirer l'odeur de ce grain d'encens!

Combien d'animaux n'ont pu être observés à cause de leur petitesse, et qui ont sans doute une industrie dont les effets nous échappent; mais qui en rapport avec leurs besoins et leurs habitudes, avec les instrumens qu'ils possèdent pour la servir, et les ressources qu'ils ont à proximité pour la satisfaire, n'est pas moins singulière ni moins admirable que celle des individus les plus grands, et qui n'ont peut-être sur eux d'autres avantages réels que de frapper nos regards par des dimensions énormes, et de s'offrir en quelque sorte à une observation facile.

Mais, dit Fénélon : « L'ouvrage n'est pas moins admirable en petit qu'en grand. Je ne trouve pas moins en petit une espèce d'infini qui m'étonne et qui me surmonte. Trouver dans un ciron, comme dans un éléphant, ou dans une baleine, des membres parfaitement organisés! Y trouver une tête, un corps, des jambes, des pieds formés comme ceux des plus grands animaux! Il y a, dans chaque partie de ces atomes vivans, des muscles, des veines, du sang; dans ce sang, des esprits, des humeurs; dans ces humeurs, des gouttes composées elles-mêmes de diverses parties, sans qu'on puisse jamais s'arrêter dans cette composition infinie, d'un tout si infini.

« Le microscope nous découvre, dans chaque objet connu, mille objets qui ont échappé à notre connaissance. Combien y a-t-il, dans chaque objet découvert par le microscope, d'autres objets que le microscope lui-même ne peut découvrir! Que ne verrions-nous pas, si nous pouvions subtiliser toujours de plus en plus les instrumens qui viennent au secours de notre vue trop faible et trop grossière? Mais suppléons par l'imagination ce qui nous manque du côté des yeux, et que notre imagination elle-même soit une espèce de microscope, qui nous représente en chaque atome mille mondes nouveaux et invisibles : elle ne pourra pas nous figurer sans cesse de nouvelles découvertes dans les petits corps; elle se lassera; il faudra qu'elle s'arrête, qu'elle succombe, et qu'elle laisse enfin, dans le plus petit organe d'un corps, mille merveilles inconnues. »

En effet, que d'instincts existent chez les animaux que nous ne saurions seulement apercevoir à l'aide de nos instrumens d'optique les mieux perfectionnés; et quelle idée infinie ne devons-nous pas nous faire de la grandeur de l'auteur de tant de prodiges, si, comme

Fénélon nous le conseille, nous laissons notre imagination se créer des forêts, au lieu des poils du duvet d'un fruit ou d'une feuille, et imaginer, à l'ombre de ces végétaux de la plus petite dimension, des animaux plus petits encore, et auxquels nous serons forcés d'accorder des besoins, des actions, et même des idées. Nous l'admettons en ce sens, notre ouvrage n'est plus qu'un extrait, encore très-abrégé, de celui que pourrait faire l'homme privilégié, qui, par un bienfait unique de la Providence, obtiendrait tout à coup des yeux assez parfaits, pour découvrir ces milliers de mondes qui ne sont pas appréciables aux nôtres, et que notre pensée seule peut soupçonner.

Delille, dans son Poëme des Trois Règnes, après avoir passé en revue les êtres les plus remarquables du règne animal, indique, comme Fénélon, les autres merveilles qui nous sont cachées, qui se perdent pour nous dans les infiniment petits; et la ressemblance qui existe entre le poëte et le philosophe, dans ces deux morceaux, est telle, que nous transcrirons le second, afin d'offrir à nos lecteurs le plaisir de la comparaison :

Et si je parcourais l'échelle des grandeurs
De l'insecte invisible à l'immense baleine ;
De ces monstres des mers dont la puissante haleine,
Avec un bruit horrible élance en gerbes d'eaux,
L'Océan revomi par leurs larges naseaux,
Jusqu'à l'humble tribu qui, sous l'onde orageuse,
Vit dans les derniers grains de la vase fangeuse ;
Si j'allais, descendant de l'aigle au moucheron,
De l'énorme éléphant, jusqu'à l'humble ciron !
Là, s'arrêtent les yeux : mais, grâces à ce verre,
Qui nous déploie en grand, et les cieux et la terre ;
Au-dessous du ciron, je regarde, et je vois
Des milliers d'animaux plus petits mille fois.
Là, du verre à son tour s'arrête la puissance ;
J'admire avec effroi sa petitesse immense ;
Mais pour d'autres tribus que je n'aperçois pas,
Cet insecte lui-même est peut-être un atlas ;
La goutte qu'il habite est une mer profonde,
Chaque œil est un soleil, et chaque fibre un monde.
Que dis-je? sans chercher un nouvel univers,
Dans l'atome animé combien d'être divers !
Là, sont un cœur, des nerfs, des veines, des viscères,
Ces nerfs ont des esprits, et ces cœurs des artères,
Ces veines des humeurs ; ainsi, de tout côté,
Même auprès du néant trouvant l'immensité,
Dans tous ces univers croissant de petitesse,
L'imagination descend, descend sans cesse.....

J'ai commencé par exprimer cette opinion;
mais qui pourrait m'accuser de ne pas en donner moi-même les développemens, lorsque je
les puise dans des chefs-d'œuvre : que de fois
ne me suis-je pas surpris, dans un cercle, m'in-
terrompant tout à coup pour abandonner la

parole à celui qui, doué de l'éloquence de
la conversation, était entré dans le sujet que
j'avais commencé de traiter; et, prenant un
plaisir extrême à écouter d'un autre, la seconde moitié d'un discours que je devais faire,
et que l'on avait le droit d'exiger de moi.
Qu'il me soit donc permis de citer, d'après le
même poëte, quelques vers qui, rappelant
des tableaux déjà placés dans cet ouvrage, les
rendent pour ainsi dire nouveaux par des couleurs plus brillantes et un ton de vie et de chaleur que ma plume n'a su leur donner.

Voici comment, avec une précision très-
rare en poésie, est décrite la république des
abeilles :

Mais quel bourdonnement a frappé mes oreilles?
Ah! je le reconnais, mes aimables abeilles.
Cent fois on a chanté ce peuple industrieux;
Mais comment sans transport voir ces filles des cieux?
Quel art bâtit leurs murs, quel travail peut suffire,
A ces trésors de miel, à ces amas de cire?
Chacun vit par ses yeux leur police, leurs lois;
L'un lui donne une reine, et les autres des rois.
L'instituteur fameux du conquérant du monde,
Voulut que sans époux l'abeille fût féconde.....
.... Je ne vous dirai point leurs combats éclatans,
Si la mort est donnée à l'un des combattans;
Si ce peuple est régi par une seule reine,
S'il peut d'un vers commun créer sa souveraine;
Si leur cité contient trois peuples à la fois,
Epoux, reine, ouvrière, hôtes des mêmes toits;

D'autres décideront : mais leur noble industrie,
Mais les hardis calculs de leur géométrie,
Leurs fonds pyramidaux savamment compassés
En six angles égaux leurs bâtimens tracés,
Cette forme élégante, autant que régulière,
Qui ménage l'espace autant que la matière,
Cette reine étonnante en sa fécondité,
Qui seule tous les ans fait sa postérité ;
Et les profonds respects de son peuple qui l'aime,
Sont toujours un prodige et non pas un problème :
Aussi de nos savans le regard curieux,
Souvent pour une ruche abandonna les cieux.

Quelques vers sont ensuite consacrés à la guêpe de Cayenne, qui suspend aux arbres une ruche dont l'enveloppe est un carton très-fin et très-ferme qu'elle fabrique avec des fibres ligneuses broyées dans ses machoires ; et par une transition naturelle, l'auteur passe de la fourmi commune à la fourmi blanche, connue en Afrique sous la dénomination de *thermes*.

Souvent aussi l'instinct varie avec les lieux.
Je ne vous peindrai point, moins dignes de nos yeux,
Méconnaissant les arts de la paix, de la guerre,
Durant l'hiver entier sommeillant sous la terre ;
Mais qui rôdent sans cesse, et d'un amas de grains,
Remplissent à l'envi leurs greniers souterrains,
A ces nobles fourmis dont se vante l'Afrique,
En trois classes rangeant leur sage république ;
Peuple heureux d'ouvriers, de nobles, de soldats :
Que de grands monumens dans leurs petits états !
De leurs toits, dont dix pieds nous donnent la mesure,
Les yeux aiment à voir la simple architecture ;

Sur le cône aplati le bufle quelquefois,
Guette pour l'éviter le fier tyran des bois.
Au-dedans quelle heureuse et savante industrie,
De leurs compartimens règle la symétrie,
Aligne leur cité, dessine leurs maisons,
Leurs escaliers tournans et leurs solides ponts,
Qui partout présentant de faciles passages,
Pour alléger leur peine abrègent leurs voyages.
Au centre tout entière est la postérité ;
Et mêlant la grandeur à la captivité,
Leur noble souveraine en une paix profonde,
Ne quitte point sa couche incessamment féconde ;
Et par son ventre énorme, et son énorme poids,
Surpasse ses sujets un million de fois.
Quatre-vingt mille enfans la connaissent pour mère ;
Au fond de son palais, auguste sanctuaire,
Des serviteurs, choisis entre tous ses sujets,
Dans sa chambre royale ont seuls un libre accès.
Leur foule emplit ses murs, et par une humble porte,
Déposent en leur lieu les œufs qu'elle transporte.
L'ordre règne partout : épars de de tout côté,
Leurs riches magasins entourent la cité ;
Ailleurs sont élevés les enfans de la reine ;
La cour habite enfin près de sa souveraine :
Le voyageur, de loin découvrant leurs travaux,
D'une heureuse peuplade a cru voir les hameaux.

Qu'il ne me vante plus ces masses colossales,
Des sommets abyssins orgueilleuses rivales ;
L'insecte constructeur est plus grand à mes yeux,
Que l'homme amoncelant ces rocs audacieux ;
Et quand une fourmi bâtit des pyramides,
Nos arts semblent bornés et nos travaux timides.

Dans son poëme de la Religion, Racine le
fils, avec non moins de talent, mais avec plus

d'onction, a rappelé les mêmes merveilles cé-
lébrées par Delille, et dans un grand nombre
de passages, il lui est resté supérieur. On
trouve, dans l'auteur des Trois Règnes, des
vers charmans sur l'émigration des oiseaux;
mais s'ils pétillent d'esprit, qu'ils sont loin du
naturel et de la mélancolie de ceux - ci, du
poëme de la Religion, sur les mêmes voyageurs.

Ceux qui de nos hivers redoutant le courroux,
Vont se réfugier dans des climats plus doux,
Ne laisseront jamais la saison rigoureuse,
Surprendre parmi nous leur troupe paresseuse.
Dans un sage conseil par les chefs assemblé,
Du départ général le grand jour est réglé :
Il arrive; tout part : le plus jeune peut-être
Demande, en regardant les lieux qui l'ont vu naître,
Quand viendra ce printemps par qui tant d'exilés,
Dans les champs paternels se verront rappelés.

M. de Chateaubriand, qui cite ces vers dans le
cinquième livre de son Génie du Christianisme,
en prend occasion d'établir un parallèle entre
l'oiseau voyageur et le proscrit que l'injustice
éloigne de sa patrie. Ce morceau qui, pour
être écrit en prose, n'est pas moins poétique
que ceux que nous venons de citer, nous paraît achevé.

« Il n'en est pas des exils que la nature

prescrit, comme de ceux commandés par les hommes. L'oiseau n'est banni que pour son bonheur; il part avec ses voisins, avec son père et sa mère, avec ses sœurs, ses frères, il ne laisse rien après lui; il emporte tout son cœur. La solitude lui a préparé le vivre et le couvert; les bois ne sont point armés contre lui; il retourne enfin mourir aux bords qui l'ont vu naître : il y retrouve le fleuve, l'arbre, le nid, le soleil paternel; mais le mortel chassé de ses foyers, y rentre-t-il jamais? Hélas! l'homme ne peut dire, en naissant, quel coin de l'univers gardera ses cendres, de quel côté le soufle de l'adversité les portera..., aussitôt qu'il est malheureux, tout le persécute; l'injustice particulière dont il est l'objet, devient une injustice générale. Il ne trouve pas, ainsi que l'oiseau, l'hospitalité sur la route. Il frappe et l'on n'ouvre pas; il n'a pour appuyer ses os fatigués que la colonne du chemin public ou la borne solitaire de deux héritages. Souvent même on lui dispute ce lieu de repos qui, placé entre deux champs, semblait n'appartenir à personne..... On le force à continuer sa route vers de nouveaux déserts. »

Rien de plus gracieux que le tableau de l'émigration des oiseaux par le même auteur, le voici :

« Tandis qu'une partie de la création publie chaque jour aux mêmes lieux les louanges du Créateur, une autre partie voyage pour raconter ses merveilles à toute la terre. Les courriers traversent les airs, se glissent dans les eaux, franchissent les monts et les vallées. Ceux-ci arrivent sur les ailes du printemps, donnent leurs chants à ses nuits, nichent parmi ses fleurs, et disparaissent avec les zéphirs, suivant de climats en climats leur mobile patrie : ceux là s'arrêtent à l'habitation de l'homme ; voyageurs lointains, ils réclament l'antique hospitalité. Chacun suit son inclination dans le choix d'un hôte ; le rouge - gorge s'adresse aux cabanes ; l'hirondelle frappe aux palais : cette fille de roi semble encore aimer les grandeurs mélancoliques, comme sa destinée ; elle passe l'été aux ruines de Versailles, et l'hiver à celles de Thèbes. »

Ce qu'il y a de plus admirable peut-être dans ces migrations, c'est l'ordre qui règne pendant qu'elles se passent. Les habitans d'une moitié du globe passent dans l'autre, et malgré la multitude infinie de voyageurs, tout est disposé à l'avance, de manière que les heures de départ et d'arrivée sont fixées, et que les caravanes ne manquent ni de boussole pour

faire la route, comme nous l'avons fait observer dans un des chapitres de cet ouvrage, ni
de nourriture dans les endroits qui doivent
être les lieux de repos. Quand ces oiseaux
abandonnent nos rivages pour aller chercher
des étés au delà des mers, les hordes du Nord
passent chez nous, et notre sol est sans cesse
occupé. Il est encore de remarque, et dans
toutes ces harmonies, la bonté du Créateur le ré-
vèle, que les oiseaux qui doivent nous charmer par leurs concerts, mais n'avoir avec nous
que des relations d'agrément, habitent nos
terres au moment où elles sont couvertes de
fruits, où les poissons destinés à nos tables
affluent sur nos côtes, tandis qu'au contraire,
ceux des volatiles qui sont employés dans nos
festins ne paraissent qu'au moment même où,
privés de tout aliment végétal, nous serions dépourvus de tout autre, si notre industrie n'é-
levait des animaux domestiques pour nos besoins, et ne conservait par mille moyens
différens des provisions d'une saison à une
autre.

Combien d'oiseaux, en traversant les mers,
rendent à l'homme des services aussi grands.
Ceux-ci, par un vol différent, le préviennent des
divers états de l'atmosphère qui l'environne ;
ceux-là par leurs cris lugubres semblent l'éloi-

gner, pendant la nuit , des écueils sur lesquels
ils ont coutume de se percher ; d'autres enfin ,
au plumage d'un blanc éblouissant, lui servent
de phares au milieu des nuits sombres, et joi-
gnant leur éclat à celui de l'écume des vagues
qui se brisent sur les rochers, lui dénoncent la
mort qui , à la faveur de l'obscurité , s'apprête
à le saisir.

Les laboureurs ont retiré des indices certains du départ et de l'arrivée de certains oiseaux ; et il n'est pas rare de les voir se décider à telle semence , à telle récolte, lorsque
leurs champs perdent un de leurs hôtes ou en
recoivent un nouveau. Les sauvages n'ont souvent même aucun autre calendrier ; ainsi ,
disent-ils aux voyageurs : notre enfant est mort
quand la *non-pareille* a mué , notre fille s'est
mariée à l'arrivée du colibri , aussi simplement
que l'Européen prononcerait une date de quelques chiffres. Dans beaucoup d'endroits encore , on n'ouvre telle chasse que lors du passage de tel oiseau, et telle famille célèbre une
fête , qui trouve, il est vrai, son motif dans la
superstition , le jour où l'oiseau, auquel on a offert un asile dans un vase appliqué exprès
contre le mur, revient après son exil reprendre
possession de sa demeure. On l'a reconnu à

une marque certaine, et tous les habitans qui sont couverts par le toit sous lequel il est abrité, se réjouissent de son retour. Mœurs touchantes, qui font regarder l'hospitalité ainsi acceptée par le volatile, comme un présage de bonheur.

Les harmonies que nous venons d'indiquer ne sont pas les seules qui existent dans les rapports établis entre les animaux et l'homme; il en est aussi de réelles, de nombreuses entre le globe et les animaux. Pouvait-il en être autrement dans les créations d'un dieu? Comme l'homme de génie ne distingue ses ouvrages de ceux de l'homme ordinaire, que par plus d'ensemble, bien que parfois les beautés de détail soient les mêmes de part et d'autre, toutes les parties de l'œuvre divine devaient être dans une harmonie parfaite.

Dans ses *Harmonies de la nature*, Bernardin de Saint-Pierre a traité à fond ce sujet si fécond en comparaisons et si riche en résultats : il s'est convaincu et il est parvenu aisément à nous persuader que chez les animaux, tous les organes, comme toutes les formes extérieures, étaient ce qu'ils devaient être pour que les conditions de leur existence fussent le mieux remplies. C'est aussi dans leurs instincts, dans cette faculté de savoir avant d'avoir appris, qu'il a avoué cette force suprême qui les a créés et qui les dirige; et en effet, que deviendraient les animaux dépourvus de ce pressentiment, qu'il leur accorde, et qui leur enseignerait les premiers usages des sens? Qui leur donnerait des idées qu'ils n'ont point acquises par l'expérience? La chenille n'irait pas, au sortir de l'œuf, chercher la feuille la plus tendre qui croît près d'elle, et qui doit lui fournir la première nourriture; et devenue papillon, elle ne chercherait pas pour y déposer les œufs, espoir de sa postérité, la branche solide et permanente, de préférence à la feuille passagère sur laquelle elle a vécu.

L'auteur des *Harmonies* fait naître le plus grand nombre d'entre elles de l'amour de l'animal pour ce qui lui convient, et de sa haine pour ce qui ne lui convient pas.

« De là, dit-il, dérivent toutes les sympathies et les antipathies innées dans les animaux comme l'instinct qui les fait naître. Les facultés de leur intelligence y ajoutent diverses modifications. La mémoire embrasse le passé, le jugement le présent, et l'imagination l'avenir. Quand leur imagination combine cet amour ou cette haine, elle les porte vers l'avenir, et produit en eux l'espérance ou la crainte. Quand leur jugement s'en saisit et les applique à un objet présent, il en fait résulter l'estime ou le mépris, la joie ou la tristesse, le désir ou le dégoût, et par suite la jouissance ou la privation. Quand leur mémoire s'en empare, elle les ramène vers le passé ; elle fait naître le regret qui s'étend aux plaisirs évanouis et la réjouissance qui se rapporte presque toujours aux maux évités ou passés. Ainsi la nature en *harmoniant* les affections de l'âme, tire souvent la peine du plaisir et le plaisir de la peine, en opposant les effets de la mémoire à ceux de l'imagination. »

Certes, toutes les opérations presque miraculeuses que nous avons vu les animaux exécuter, nous paraîtront moins surprenantes, après avoir lu cette énumération de leurs facultés intellectuelles ; mais notre admiration se reportant sur la source des actions qu'elle avait d'abord considérées isolément, ne cessera ni ne diminuera, et ne fera que changer d'objet.

Des harmonies non moins vraies se remarquent dans la structure intime des organes de chaque animal, toujours appropriés par leur forme, par la composition de leurs tissus avec les milieux que ceux-ci doivent habiter, avec les alimens dont ils doivent se nourrir ; mais sans entrer dans ces détails anatomiques, ne retrouvons-nous pas une concordance aussi exacte, aussi sublime dans les formes extérieures de l'animal, comparées à ses habitudes et à ses mœurs. Les chantres ailés qui, dans nos bocages, célèbrent leurs amours et le retour du printemps, sont d'une forme élégante, et leur délicatesse même n'est jamais mesquine. Dans l'autre hémisphère, où le ciel semble toujours allumé, où le soleil dans toute sa pourpre paraît se multiplier par son éclat, ces mêmes oiseaux chanteurs sont diaprés des nuances les plus brillantes, et sans cette richesse de leurs habits, ils eussent paru sombres, opposés à l'éclat qui les environnait. Au contraire, en ces pays comme dans les nôtres, les oiseaux carnassiers sont presque tous nocturnes, ils sont malfaisans; et comme ils doivent être attaqués par des ennemis nombreux, la nature dont ils sont, malgré leur férocité, des agens utiles, les a couverts de vêtemens sombres comme les ténèbres qui doit les envelopper, et a voulu que leur œil ne pût soutenir l'éclat du jour. La chauve-souris, le hibou, le grand-duc, ont des plumages et des figures lugubres. Leur chant n'est, à bien dire, qu'un cri qui inspire l'effroi même à l'oreille la moins musicale. La voix des animaux carnassiers est aussi désagréable ; elle se compose de sons rauques ou aigus et glapissans. Les poissons carnivores sont d'une forme hideuse et de couleur livide ; combien la raie, dont la robe grisâtre est parsemée de taches couleur de sang décomposé, et les proportions si affranchies des règles ordinaires offrira un contraste frappant, si nous la comparons à ce petit poisson que nous avons vulgairement appelé *dorade*, à cause de sa couleur dorée, et dont toute l'existence n'est que jeux, amours et innocence. Le tigre même, dont la peau est si richement bariolée, est surtout peint de noir et de couleur fauve, deux nuances que l'on retrouve dans la guêpe, et chez presque tous les animaux carnivores.

« Je l'ai déjà dit (c'est Bernardin de Saint-Pierre qui parle), qui pourrait observer tous les instincts malfaisans des bêtes de proie, y trouverait toutes les nuances et les expressions de la haine : le lâche appétit des cadavres dans le vautour, la ruse taciturne dans le renard, la trahison dans l'araignée, les cris alarmans de la terreur dans l'orfraie, la soif du sang dans la fouine, la férocité dans le tigre, la cruauté dans le loup, le despotisme furieux dans le lion. On verrait dans les serpens, les requins, les polypes marins, aux longs bras armés de ventouses, et dans d'autres tribus, des animaux qui pâlissent à la vue de tout être vivant, qui se glissent pour piquer, qui rampent pour mordre, qui flattent pour déchirer, qui embrassent pour étouffer; enfin, des êtres animés de colères silencieuses, de haines caressantes, d'affections meurtrières, qui n'ont point de noms dans les langues des hommes, quoiqu'ils n'en offrent que trop d'exemples dans leurs mœurs. »

Poursuivons cette étude des harmonies, et considérons les rapports des animaux avec le sol qu'ils habitent. Nous serons d'abord surpris de voir tous les animaux des contrées les plus chaudes élevés sur des jambes très-hautes, et la plupart comme l'autruche, le chameau, la girafe, pourvus d'un cou extrêmement long; mais si nous réfléchissons à la chaleur suffoquante qui règne au-dessus du sol qu'ils parcourent par la réverbération continuelle des feux d'un ciel embrasé, nous concevrons aisément pourquoi ils ont l'organe de la respiration, le nez, de beaucoup élevé, et pour ainsi dire, dans les courans d'air qui ne descendent jamais au rase des terres. Les singes qui habitent sous la zone torride ont, dans le même but, les narines aussi ouvertes que quelques animaux des zones glaciales les ont étroites et serrées.

Chez ces derniers la tête est attachée au tronc par un cou à peine sensible, et cette forme peu gracieuse était indispensable; car, au milieu d'un froid excessif et pénétrant, le cerveau avait besoin d'être le plus près possible du cœur, afin d'éviter par une excitation plus directe un engourdissement qui pouvait être mortel.

La disposition des pieds, des pattes, chez les animaux, a été déterminée par un même calcul. La chenille qui s'attache au *tremble*, dont la feuille est sans cesse agitée, a reçu de la nature prévoyante des crochets plus nombreux, plus aigus, plus gluans, pour la maintenir sur ce terrain en butte à des tremblemens continuels. Le chat, l'ours blanc, le lion, ont des griffes qui leur servent de la même manière et qu'ils ont reçues parce qu'ils doivent grimper sur les rochers ou sur les glaces, et non parce qu'il leur faut déchirer les chairs de leurs victimes; car le loup, le renard, l'hyène, qui ne sont pas moins carnassiers, en sont dépourvus parce qu'ils habitent les plaines.

Les mêmes attentions nous paraîtront observées, si nous comparons les habits des animaux avec les services que ces mêmes habits leur rendent. Nous les verrons muer pendant les chaleurs, lorsque leurs plumes, leurs poils, ne leur deviendraient plus qu'un fardeau, tandis qu'ils reprendront des plumes, des poils nouveaux, dans la saison des froids. Ils y trouveront de plus ce bénéfice, que leurs anciens poils, comme nos cheveux, si on ne les coupait, finiraient par se détacher, et perdre en grande partie leur couleur. Ils ont donc l'habit d'hiver, l'habit d'été, et tous les ans, un habit neuf. L'écureuil du Nord, qui doit passer sa vie au milieu des glaces, a la fourrure plus touffue que celui des pays tempérés, et les oiseaux aquatiques ont un plumage si serré, que l'eau ne fait que glisser dessus sans le mouiller, ce qui, en augmentant son poids, aurait rendu leur vol plus difficile.

Partout enfin on verra la reproduction dont l'animal est le laboratoire et la conséquence, le rendre non pas impérissable, mais long-temps persistant au milieu de corps qui se froissent sans cesse et ne tarderaient pas à l'user, à le détruire. Les poils de cet animal qui rampe, à bien dire, et qui n'entre dans sa demeure, espèce de terrier, que par une ouverture longue, tortueuse et étroite, dont il frotte les parois de tout son corps, ces poils ne tarderaient point à être usés si, chaque saison, ils n'étaient échangés; et l'homme verrait sans une reproduction semblable ses chairs à nu , et sa peau entièrement usée par la selle du cheval dont il fait un usage journalier.

Quittons un moment les terres et plongeons nos regards curieux au fond des eaux , et nous verrons que tout est soumis à un ordre général. Tout le monde a remarqué que les pattes des oiseaux aquatiques qui forment le passage entre les animaux terrestres et les animaux marins (car les transitions ne sont point brusques dans la nature) , sont munies de membranes assez minces pour ne pas gêner la flexion des digitations quand l'oiseau est sur la terre, mais assez épaisses pour lui servir de nageoires lorsqu'il est dans les flots : cette remarque a été faite par l'homme le moins observateur; mais ce qui est moins connu , c'est la cause de la différence qui existe entre la langue des animaux aquatiques et terrestres. Les derniers, qui ont besoin de lécher leur proie , de saisir des liquides, ont la langue large , et d'un tissu spongieux propre à s'humecter ; les poissons , au contraire , ont une langue étroite, aiguë, parce qu'elle n'est destinée qu'à atteindre des corps solides , et que devant agir au milieu de l'eau, une plus grande surface eût offert trop de résistance à ses mouvemens. Elle est de plus

membraneuse chez quelques-uns qui, dépourvus de membres pour retenir leur proie, ont
besoin d'un instrument doué de quelque force
et qui puisse leur en tenir lieu.

Si nous ne nous arrêtions au milieu de la
foule des matières que présente, comme une
mine inépuisable, le sujet dans lequel nous
sommes entrés, cet ouvrage n'aurait plus de
bornes. Nous laisserons beaucoup encore à la
réflexion du lecteur qui, nous l'espérons, est
assez initié déjà aux mystères de la nature pour
admettre que cet univers n'est autre chose
que la pensée de Dieu rendue manifeste.

CONCLUSION.

Ici est terminée la tâche que je m'étais im-
posée : je serai trop heureux si l'homme du
monde avoue que je l'ai distrait par une occupation douce, de quelques-uns de ces chagrins,
suite inévitable de ses plaisirs, et si les jeunes
gens, auxquels ce livre est surtout dédié, veulent méditer quelques-uns des préceptes qu'il
renferme.

Puissent-ils, dans les soins continuels que
tous les animaux sont obligés de prendre pour

leur conservation, et pour le soutien de leur vie, reconnaître le travail et la peine comme des conditions nécessaires de l'existence, et bientôt ils ne verront, dans les services qu'ils rendront à leurs semblables qui leur fournissent toutes les choses nécessaires à la vie, que des fatigues bien légères en comparaison de celles auxquelles ils seraient contraints dans l'état de nature, alors qu'il leur faudrait arracher à des obstacles insurmontables, ce que tout le globe civilisé prépare pour eux. Car les hommes ont beau être méchans, envieux, inhumains, leur existence, comme elle a été établie par leur intérêt particulier, n'en sera pas moins un échange continuel de services et de bienfaits.

En calculant aussi ces lois générales qui veulent que tel poisson abonde sur nos côtes, lorsque le sol nous refuse toute autre espèce d'animaux; que telle race d'animaux soit constamment la nourriture de telle autre, ils ne craindront pas de manger la chair de l'animal domestique; et tenant pour ridicules les rêves scrupuleux de Pythagore, ils s'affranchiront d'une erreur qui a troublé quelques imaginations faibles ou exaltées. Sans doute, elle ne pourrait long-temps les agiter; mais le jugement est comme une fleur précieuse, il ne peut être vicié un seul moment que la trace d'un contact aussi fâcheux n'y reste long-temps empreinte.

Enfin, ils apprécieront mieux les ouvrages de l'Éternel les connaissant davantage, leur foi en deviendra plus facile, leur reconnaissance plus expressive, et, dans toutes les circonstances de la vie, leurs consolations plus nombreuses.

FIN.

TABLE

Des Articles contenus dans ce Volume.

Pages.

DES OVIPARES ET DES SERPENS. 179

FIN DE LA TABLE.